BIT-LOGIC人工智能教育系列图书

教育基础：图形化编程入门与实践

思悟天科技（SIWT）智能教育研发中心 编

中国人民大学出版社
·北京·

图书在版编目（CIP）数据

AI教育基础：图形化编程入门与实践 / 思悟天科技（SIWT）智能教育研发中心编. —北京：中国人民大学出版社，2019. 8

ISBN 978-7-300-27251-1

Ⅰ. ①A… Ⅱ. ①思… Ⅲ. ①程序设计 Ⅳ. ①TP311.1

中国版本图书馆 CIP 数据核字（2019）第 161339 号

AI 教育基础：图形化编程入门与实践

思悟天科技（SIWT）智能教育研发中心　编

AI Jiaoyu Jichu: Tuxinghua Biancheng Rumen yu Shijian

出版发行	中国人民大学出版社		
社　址	北京中关村大街 31 号	**邮政编码**	100080
电　话	010-62511242（总编室）		010-62511770（质管部）
	010-82501766（邮购部）		010-62514148（门市部）
	010-62515195（发行公司）		010-62515275（盗版举报）
网　址	http:// www. crup. com. cn		
经　销	新华书店		
印　刷	北京宏伟双华印刷有限公司		
规　格	185 mm × 260 mm　16 开本	**版　次**	2019 年 8 月第 1 版
印　张	14	**印　次**	2019 年 8 月第 1 次印刷
字　数	290 000	**定　价**	39.90 元

版权所有　侵权必究　印装差错　负责调换

BIT-LOGIC 人工智能教育系列图书编委会

主　　编： 杨欣泽

副 主 编： 马占理　张皓森　张　轲

《AI 教育基础：图形化编程入门与实践》编委会

（排名不分先后，以姓氏拼音首字母为序）

主　　编： 张皓森

副 主 编： 冯振开　李志欣　刘湘雪　吴春生　张学虎

执行编辑： 尹新伟

编　　委： 褚　熙　崔清水　董　岩　杜志强　冯海波　冯元广　谷碧莹
关凯涛　郭春晓　郭晓英　姜旭超　刘美纹　刘　鹏　刘铁军
骆秀云　欧玉成　彭维宏　王天石　王亿飞　王志兵　武学勤
吴　燕　徐贵良　闫云龙　尹鑫鑫　云　浩　张桂煊　赵彦君
周沈刚　庄　敏

特别鸣谢： 金　禹　孔永杰　李馥安　任国稳　任　静　唐　洋　王倩倩
汪亚珍　熊　彪　杨晓柳　赵　珺　郑丹阳

思悟天科技（SIWT）智能教育研发中心，由毕业于北京大学、清华大学、中科院、北京科技大学、北京师范大学等知名院校的众多智能教育相关专业人士，在人工智能、芯片设计、K-12 教育等领域的多位资深专家、学者指导下，融合具有丰富一线教学经验的教师团队组成。

邮箱：siwt_edu@siwutian.com

官网：www.siwt. 中国

www.bitlogic.cn

序一

给中国的孩子多一次选择的机会。

2008 年，我还是一个刚刚步入大学的懵懂少年，有着对大学生活的无限向往，却伴随着对自己的专业——信息管理系统的一无所知。四年的时光，我姑且学会了相关的专业知识，却远没有理解它，直到我工作多年之后，才顿悟它的价值。回想四年大学，特别是每天都在被动地学习专业知识的时候，我问我自己，如果再给我一次选择的机会，我还会选择这个“热门”专业吗？当时心里的想法是否定的，但如果今天你再问我的选择，我的回答将是肯定的。

在中国，做一个合格的家长不容易，当一个有选择能力的学生更不容易。孩子从幼儿园就已经“被套上了枷锁”，语文、数学、英语等，很多的事物都是“被安排好了”。到了高考报志愿，孩子们除了一腔热血和为数不多的“前辈”指导外，更多的是对大学专业的迷茫和纠结。我相信中国的孩子，大部分在上大学之前，不知道自己到底爱不爱这个专业，比如我们经常提到的计算机专业，有多少学生在报考之前知道编程是什么，C 语言又是什么？……

现在，这种情况已经有了一定的好转，特别是初高中走班排课的出现给中国教育界注入了一剂强心剂，越来越多的学生可以根据自己的兴趣，根据自己未来的目标来进行一定的选择。但是，一个横亘在我们面前的现实是：中国的学生太多了，教育资源相对有限，很多时候并不能很好地满足每一位学生。在国外“所向披靡”走班排课的方式并无法绝对符合中国国情。当前我们依然还不能做到对每个孩子的个性化指导，这必然导致还有很多很多的中国学生上了大学之后才发现自己并不适合这个专业，但是转专业成本太大，也就导致了人才的培养很多时候出现了偏差。所有这些，都是因为孩子缺乏一个选择的能力。我想给孩子们多一个选择，至少在未来的核心技术之一，即 AI 及物联网领域，给孩子们多一个选择。于是，有了本系列图书以及本书的诞生。

本书作为少儿编程的基础教材，旨在让没有接触过编程的孩子能够尽快地体验到编程的魅力，以人工智能为主题，通过图形化编程的模式，活泼有趣的图示，帮助孩子建立编程的基础逻辑思维。通过逻辑思维的构建，以及相关外设的配套使用，将孩子带入到编程的世界中。孩子用编程的语言，用逻辑的思维，制作生活中的用品，对编程产生兴趣。通过一系列的课程的学习，孩子不仅能提高自己的逻辑思维、团队协作能力，更有可能发掘自己相关的学习天赋，如果具备了某种天赋（编程、机械等），在未来的专业选择上可以更为坚定地走自己喜欢并擅长的路。如果不具备这个领域的天赋，也可以用它来结交更多的朋友，学到更多的知识，让自己多一些业余爱好和技能。

未来将会是一个人工智能的时代，每一个人都需要了解什么是人工智能，什么是信息技术。对于新时代的青少年来说，编程，或者说编程思维不再是遥不可及的事情，它们将有可能成为我们生活的一部分，会成为我们抉择的重点。我希望本书的读者们能有作出选择的能力。

我自己的孩子已经一岁了，我希望他在成长的过程中，在未来的选择中，能够有更多的机会去了解，去学习，去选择！

为了我们的孩子多一种选择，多一种人生！

——杨欣泽

（杨欣泽，毕业于北京大学，现任第十二届全国工商业联合会代表，密云区第二届人大代表，密云区工商业联合会副主席，北京宏扬迅腾科技发展有限公司董事长，北京思悟天科技股份有限公司董事会董事长，全国万名优秀创新创业导师，中国企业家创新智库特聘专家。）

序二

现在，我们正处在过去的未来！

智能时代直面于前：人脸识别解锁、刷脸支付、智能语言翻译、无人驾驶等技术业已成熟或渐趋成熟，走入我们的日常生活，改善着我们的生活方式。人工智能已成为全球必争的战略制高点，许多国家纷纷提出人工智能战略政策，推动人工智能发展。

作为教育领域的研究者，大家普遍认识到教育具有未来发展的指向性，我们培养的人不仅是生活在当下的人，还是生活在未来和创造未来社会的人。因此，我们必须着眼于未来的社会需求，变革当前的教学内容和教学方式，培养未来人工智能社会需求的人。我国政府制定了一系列政策，推动人工智能在教育及相关的产业发展。面对国外发达国家的先行布局，2017 年 7 月 8 日，我国政府出台了《新一代人工智能发展规划》，提出了“实施全能智能化教育项目，在中小学阶段设置人工智能相关课程，逐步推广编程教育”“支持开展人工智能竞赛，鼓励进行形式多样的人工智能科普创作”。教育部出台的《教育信息化 2.0 行动计划》要求“完善课程方案和课程标准，充实适应信息时代、智能时代发展需要的人工智能和编程课程内容”。

无论是从国家的政策要求还是从教育的基本规律来看，人工智能相关人才培养都离不开基础教育阶段的系统化教育。从教育的要素来讲，成功的人工智能教育离不开优秀的人工智能教育课程资源和教材。因此，我国的大量研究者和实践者在人工智能教育方面都在努力探索，不断创新，我们也看到了丰硕的成果。

思悟天教研团队编的“BIT-LOGIC 人工智能教育系列图书”是这些优秀成果中的代表之一。该系列图书着眼于未来社会人才培养的要求，以人工智能教育为主题，以 JavaScript、Python、Scratch 为基础，通过科学合理的结构、通俗易懂的文字、活泼有趣的图示，帮助孩子学习创新思维方式。图书涵盖了从小学到高中的各个学段，不仅体系完整，而且还融入了大量来自教学一线实践的案例，也给我们研究者带来很多启发和思考。

未来已来，将至已至——科技创新加速教育变革。值得我们教育理论研究者和实践者关注，值得我们共同研究。希望思悟天教研团队的“BIT-LOGIC 人工智能教育系列图书”能够为更多地区开展人工智能教育提供借鉴，也希望作者团队能够基于实践的反馈继续提升、继续优化，不断编写出更优秀的教程。

《中国现代教育装备》杂志社（教育部主管、中国高等教育学会主办）执行主编

张鹏

前言

人工智能 (AI) 技术正加速推动着物联网 (IoT) 进步：随着大数据、机器学习、计算能力、存储能力以及云计算等新技术的快速发展，人工智能技术呈现出“井喷式”发展趋势，不仅是工业设备，越来越多的家电、通信设备等生活用品都开始接入并融合人工智能技术，人工智能的发展已成为大势所趋。在人工智能时代，互联网思维和计算机思维是优秀人才必备的两种思维方式，而学习编程则是培养并形成这两大思维方式的一个重要途径。

在美国，编程已进入幼儿园和中小学课堂，是备受欢迎的课程之一；

在英国，编程被列入国家教学大纲，成为 6~15 岁孩子的必修课；

在芬兰，编程理念融入了小学的各门课程，孩子们可以随时随地学习编程。

…………

在中国，2017 年 7 月，国务院印发了《新一代人工智能发展规划》，其中明确指出我国将实施全民智能化教育项目，在中小学阶段设置人工智能相关课程，逐步推广编程教育，鼓励社会力量参与编程教学软件、游戏的开发和推广。计算机程序设计能力（编程能力）作为一种基础技能已经在国家层面得到重视。

《AI 教育基础：图形化编程入门与实践》以 JavaScript、Python、Scratch 等语言逻辑为基础，通过科学合理的编排、通俗易懂的文字、活泼有趣的图示，将抽象冰冷的计算机语言和编程逻辑变得更加形象生动与直观。贴合生活的实验设置，能引导孩子以更轻松、更清晰的方式掌握计算机编程的思维模式，并培养初步的团队合作和创新能力。

本书以“入门”为起点，重心落在“实践”上。全书内容的编排，看似在“手把手”地教学，却巧妙地在每个环节中预留了思考的空间、隐性的引导，让学生在模仿的过程中，不自觉地展开思考和分析。提升训练和思考题的设置，更是能检验学生对课程内容的掌握程度，并测试学生能否以所学内容为基础，进行相关的知识联想和动手实践。前后内容既有足够的相关性，又摆脱了传统教学上的依葫芦画瓢的弊端，在同一标准中，允许个性化结果的展现，有利于分层化教学。

本书覆盖范围广，既适合低年级学生长期使用，也适合高年级低基础的学生入门使用，并给高、低年级的学生提供了一个交流的机会。各种配套资料，配合网站上音视频材料，构成系统化的学习交流辅助平台。所以此书不仅可作为学校、培训机构的教学书，也可以作为学生和学生家庭一起自学的系列图书。本书还配套有丰富的外设产品，也可以在创客教室自行设计生产和程序进行匹配。更多的信息，可以登录 www.siwt. 中国和 www.bitlogic.cn 了解。

本书是“BIT-LOGIC 人工智能教育系列图书”的第一本。我们旨在打造一个完善的、可持续化发展和迭代的互动教学平台，为广大教师、家长，特别是青少年创建一个科学的学习平台，帮助他们走向未来奇妙的科技世界。本书适合任何想要通过 JavaScript、Python、Scratch 等语言学习编程的中小学生和想要理解计算机编程基础知识的爱好者阅读学习。鉴于时间关系，本书难免有不足之处，欢迎广大读者指正交流。

编委会

2019 年 7 月于北京

目录

CONTENTS

序章

走近 SIWT

第 0.1 课　硬件介绍

“SIWT 物联网智能编程芯片套装”（简称“智能编程芯片”）是北京思悟天科技股份有限公司历时三年，经过反复试验后改良推出的一套编程硬件组；主要由核心板、主扩展板、便携式扩展板、转接板以及子扩展板等部件构成。

（一）核心板（图 0–1 和表 0–1）

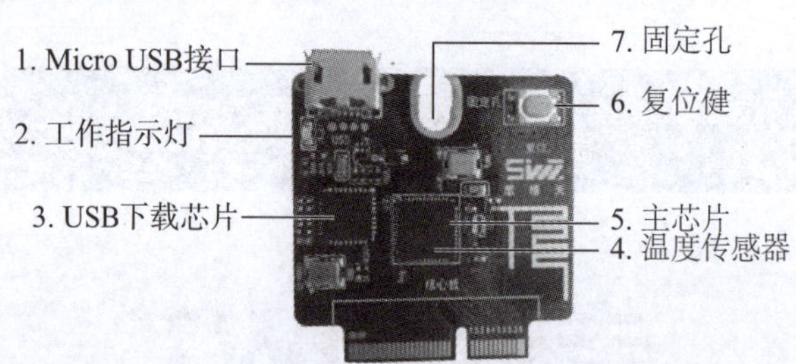

图 0－1　核心板正视图

表 0–1

序号	名称	功能
1	Micro USB 接口	连接核心板和外置设备，进行基本的数据传输。
2	工作指示灯	连接数据线或下载程序时灯都会亮。
3	USB 下载芯片	用来连接主芯片和电脑，完成将 hex 文件导入到主芯片中。
4	温度传感器	能够检测环境温度的传感器。
5	主芯片	核心板的心脏，它集成了很多的计算单元、RAM、ROM、蓝牙以及温度传感器等；可以被理解为一个小型的电脑。
6	复位键	按下此键后，正在运行的程序将被中止并重新开始运行。
7	固定孔	固定核心板。

（二）主扩展板（图 0–2、0–3 和表 0–2）

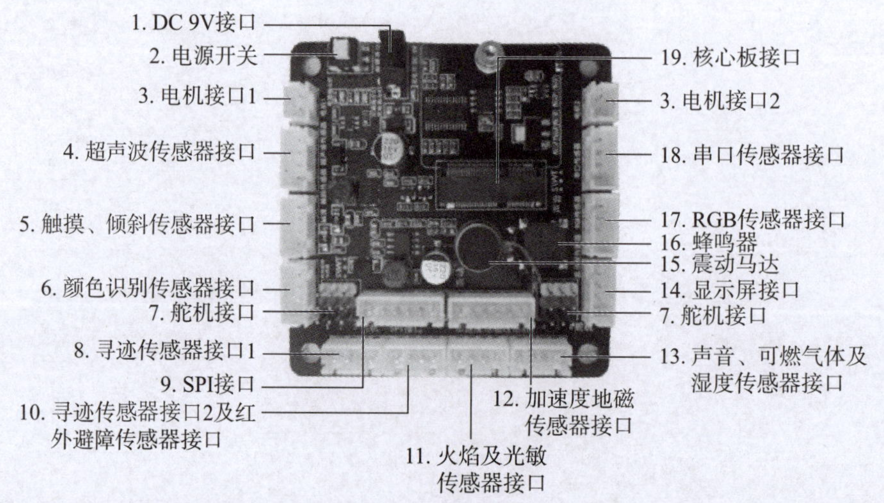

图 0－2　主扩展板正视图

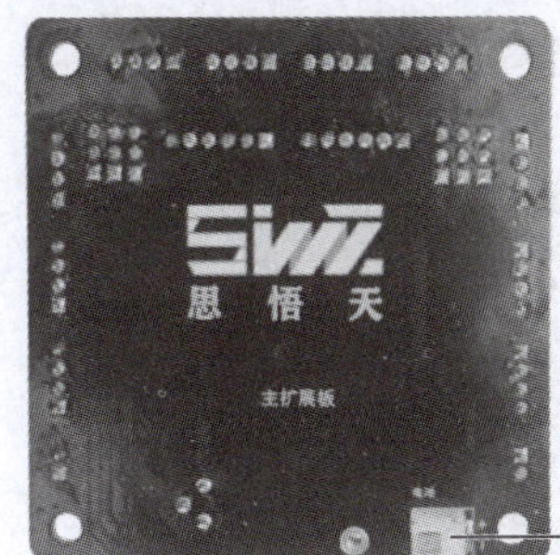

图 0-3 主扩展板背视图

表 0-2

序号	名称	功能介绍
1	DC 9V 接口	直流电源输入接口（电压 9V~12V），可以同时给核心板供电和对电池充电。
2	电源开关	控制电源开关。
3	电机接口 1、电机接口 2	可外接额定电压 3~6V，并且额定电流不超过 0.8A 的电机。
4	超声波传感器接口	可外接超声波传感器。
5	触摸、倾斜传感器接口	可外接触摸或倾斜传感器。
6	颜色识别传感器接口	可外接颜色识别传感器。
7	舵机接口	共有 6 个舵机接口，可与不同型号的舵机连接。
8	寻迹传感器接口 1	可外接寻迹传感器。
9	SPI 接口	预留的外接显示屏接口。
10	寻迹传感器接口 2 及红外避障传感器接口	可接入寻迹传感器或红外避障传感器。
11	火焰及光敏传感器接口	可外接火焰或光敏传感器。
12	加速度地磁传感器接口	可外接加速度地磁传感器。
13	声音、可燃气体及湿度传感器接口	可外接声音、可燃气体或湿度传感器。
14	显示屏接口	可外接显示屏。
15	震动马达	能够产生震动，类似手机震动。
16	蜂鸣器	能发出不同分贝的声音。
17	RGB 传感器接口	可外接 RGB 传感器。
18	串口传感器接口	可外接串口传感器。
19	核心板接口	用于接入核心板。
20	电池 7.4V 接口	输入 7.4V 电压。

（三）便携式扩展板（图 0–4、图 0–5 和表 0–3）

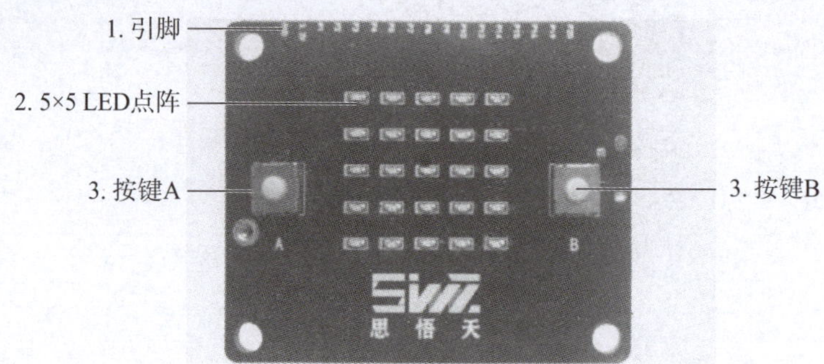

图 0－4　便携式扩展板正视图

图 0－5　便携性扩展板背视图

表 0–3

序号	名称	功能介绍
1	引脚	又叫管脚，英文叫 Pin。就是从集成电路（芯片）内部引出与外围电路的接线，所有的引脚就构成了这块芯片的接口。引线末端的一段，通过软钎焊使这一段与印制板上的焊盘共同形成焊点。
2	5 × 5LED 矩阵	25 个 LED 灯。
3	按键 A、B	编程使用的按键，可以使用此按键控制程序的运行。
4	电池接口	与电池相连。
5	Micro USB 接口	用来给装置充电
6	电源指示灯	电池已充满、充电过程、接通电源，不同状态下，显示不同的提示。
7	电源开关	控制电源开关。
8	震动马达	能够产生震动，类似手机震动。
9	蜂鸣器	能发出不同分贝的声音。
10	加速度地磁传感器	能测量加速度、检测地球磁场的传感器。

（四）转接板（图 0–6、图 0–7 和表 0–4）

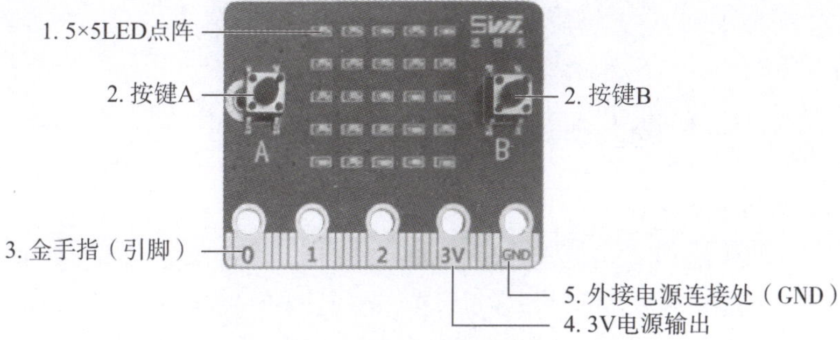

图 0–6　转接板正视图

图 0–7　转接板背视图

表 0–4

序号	名称	功能介绍
1	5×5LED 矩阵	25 个 LED 灯。
2	按键 A、B	编程使用的按键，可以使用此按键控制程序的运行。
3	金手指（引脚）	用于对接各种各样的外接电子产品，作为输入 / 输出引脚（或简称 I/O 引脚）。
4	3V 电源输出	输出 3V 的电压。
5	外接电源连接处（GND）	简称地线，在电系统或电子设备中，接大地、接外壳或接参考电位为零的导线。一般电器上，地线接在外壳上，以防电器因内部绝缘破坏，使外壳带电而引起的触电事故。
6	3V 电池接口	输入 3V 电压。
7	转接板固定孔	固定转接板。

（五）子扩展板①

显示屏（图 0–8）：用于显示指定或运算的结果及内容。

① 子扩展版具体参数可关注官网：www.siwt. 中国和 www.bitlogic.cn。

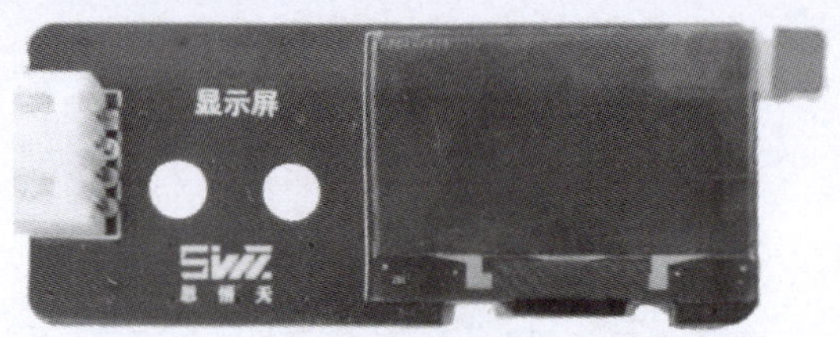

图 0－8

RGB 探照灯（图 0–9）：可调全色域的 RGB LED，具备高亮和亮度可调的特点，从而可以实现流水、闪烁、彩虹等效果，红、绿、蓝每一种色彩均可设定 256 级饱和度。

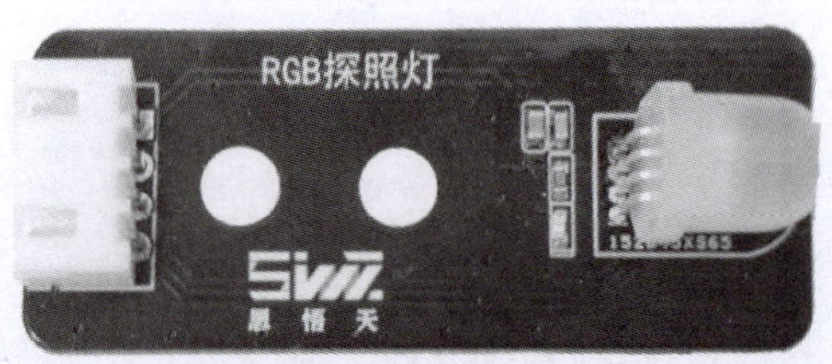

图 0－9

传感器，是一种检测装置，能感受到被测量的信息，并能将感受到的信息，按一定规律变换成为电信号或其他所需形式的信息输出，以满足信息的传输、处理、存储、显示、记录和控制等要求。

1. 倾斜传感器（图 0–10）：通过单片机来检测高低电平，由此来检测角度改变。

图 0－10

2. 触摸传感器（图 0–11）：类似于触摸开关，初态为低电平。触摸为高电平（指示灯亮），不触摸为低电平（指示灯灭）。类似轻触按键功能。

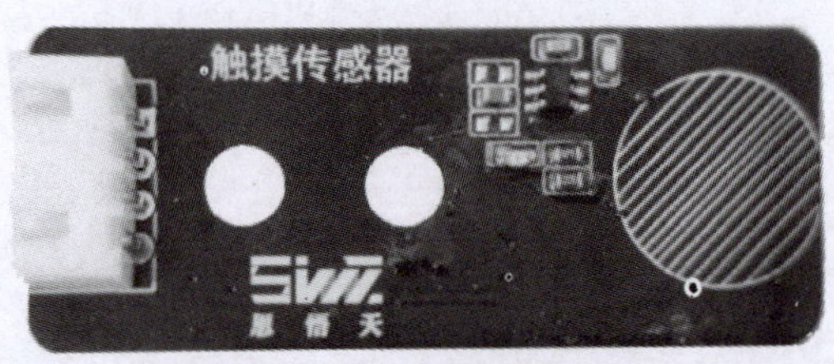

图 0－11

3. 光敏传感器（图 0–12）：光敏传感器对环境光线敏感，一般用来检测周围环境的光线的亮度，触发单片机或继电器模块等。

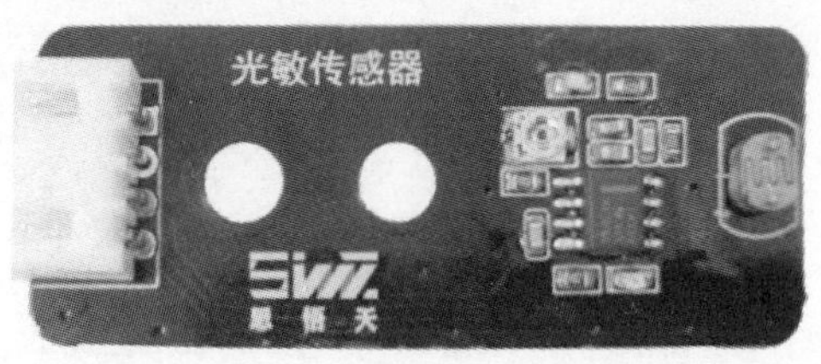

图 0 – 12

4. 红外避障传感器（图 0–13）：该传感器模块对环境光线适应能力强，其具有一对红外线发射与接收管。发射管发射出一定频率的红外线，当前方检测方向遇到障碍物（反射面）时，红外线反射回来，被接收管接收，经过比较器电路处理之后，指示灯会亮起，同时信号输出接口输出数字信号（一个低电平信号）。可通过电位器旋钮调节检测距离，有效距离范围为 2CM~30CM。

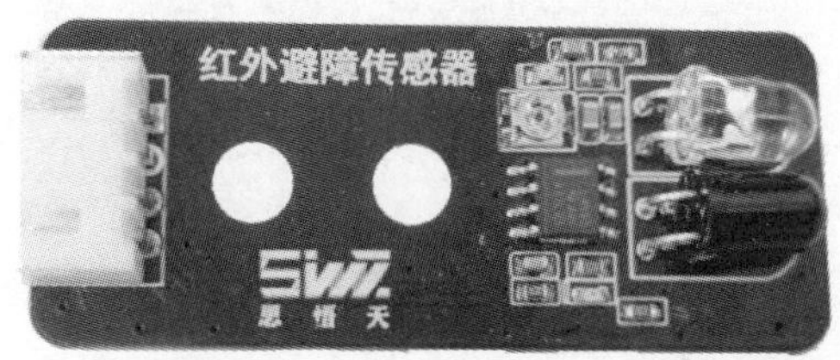

图 0 – 13

5. 火焰传感器（图 0–14）：可以检测火焰或者波长在 760 纳米 ~1100 纳米范围内的光源。打火机测试火焰距离为 80CM。火焰越大，测试距离越远。

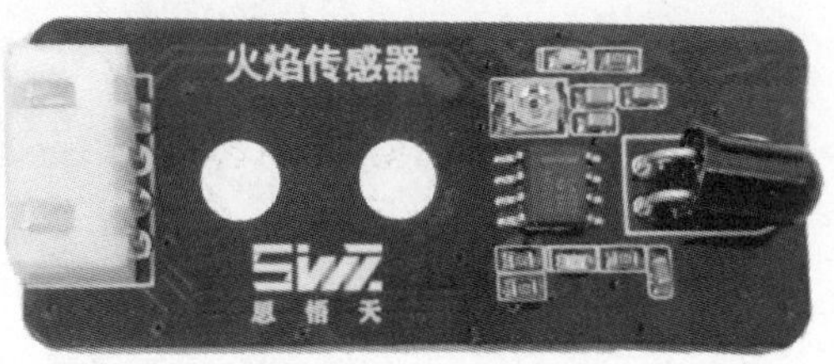

图 0 – 14

6. 加速度地磁传感器（图 0–15）：用于测量物体运动的加速度以及探测地球磁场。

图 0 – 15

7. 寻迹传感器（图 0–16）：用于探测预设路面标记的线路，检测反射距离范围为 1MM~25MM。

图 0 – 16

8. 颜色识别传感器（图 0–17）：能对环境光以及 RGB 三色进行敏锐的感测，感测距离为 10MM~30MM。

图 0 – 17

9. 超声波传感器（图 0–18）：用于探测距离，属于较为精确的探测。图中产品的探测距离误差小于 0.5CM，探测范围为 3CM~200CM。

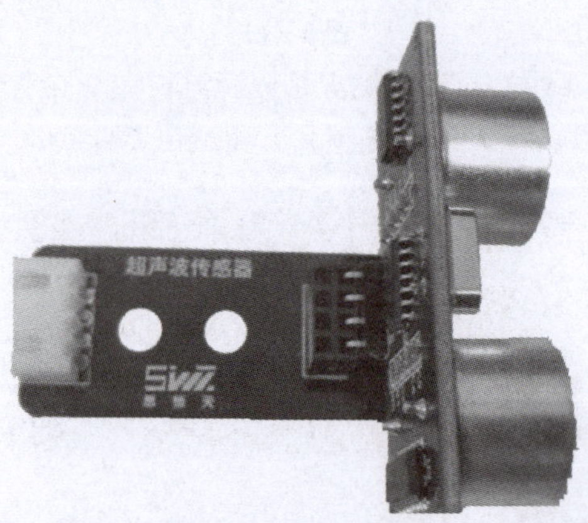

图 0 – 18

10. 声音传感器（图 0–19）：可以检测周围环境的声音强度。使用中需要注意不能使用特定频率（又称共振频率）的声音，灵敏度可调。

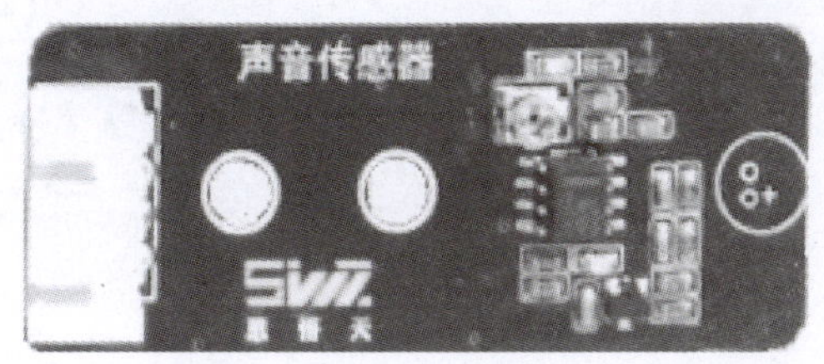

图 0－19

11. 可燃气体传感器（图 0–20）：对液化气、丙烷、氢气的检测灵敏度高，对天然气和其他可燃蒸汽的检测灵敏度也很好。

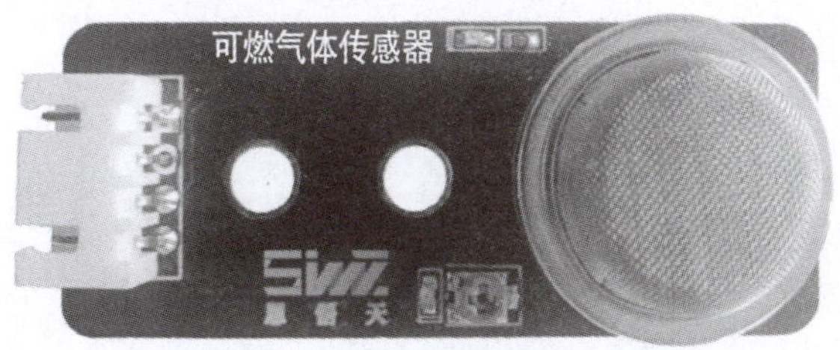

图 0－20

12. 湿度传感器（图 0–21）：可以宽范围检测土壤的湿度。通过电位器调节控制相应阈值，湿度低于设定值时，输出高电平（指示灯灭），高于设定值时，输出低电平（指示灯亮）。

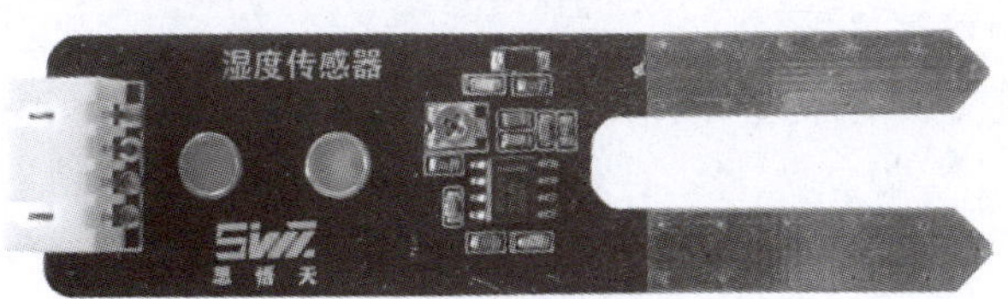

图 0－21

第 0.2 课　编程系统界面介绍

“思悟天 AI”编程系统界面介绍（图 0–22）：

1. 模拟区：编辑好的代码在模拟区可以观察效果。

2. 图形化命令区：简称命令区。命令区有编程需要的各种模块，按照模块的功能又分成了不同的模块组，学生在编程过程中需要的模块，都可以在图形化命令区找到。

3. 编辑区：编辑区进行程序编写。如果选择图形，显示的是程序模块；选择 JavaScript，则显示代码。

按钮功能：

1. 停止 / 启动：正方形为停止模拟程序；三角形为启动模拟程序。
2. 重新执行：重新启动程序。
3. 慢速执行：在原有的基础上，减慢执行速度。
4. 声音开关：控制模拟器的声音。
5. 全屏：控制模拟区全屏。
6. 隐藏 / 显示模拟区：三角向左为隐藏模拟区；三角向右为显示模拟区。
7. 下载：可以将编程好的程序下载到硬件或电脑中，但不能保存在编程的页面。
8. 文件名：可以给程序进行命名。
9. 保存：将编程好的程序进行保存并下载。
10. 撤销：返回上一步。
11. 重做：重新操作。
12. 放大：用鼠标点击该按钮可以整体放大编辑区程序模块。
13. 缩小：用鼠标点击该按钮可以整体缩小编辑区程序模块。

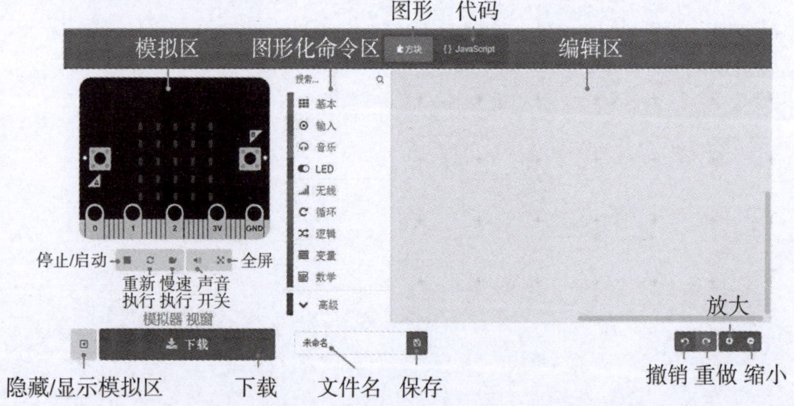

图 0 – 22

程序下载

连接核心板与电脑

1. 将 USB 线一端连接电脑 USB 接口，另一端连接核心板的 Micro USB 接口。如图 0–23。

2. 在电脑中找到“此电脑”，会出现“SIWT”的存储磁盘符，证明连接成功。

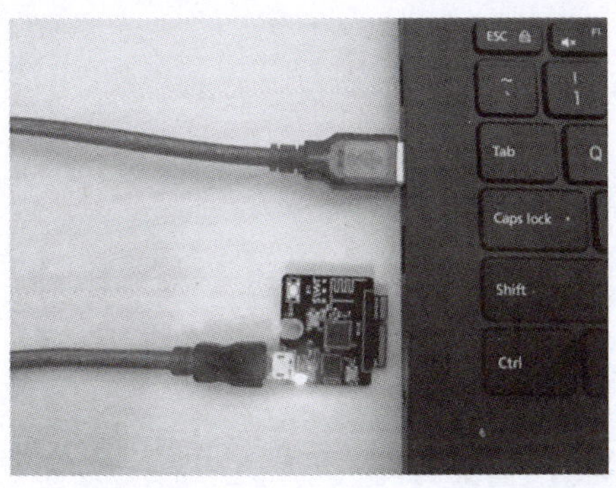

图 0 – 23

程序的下载

1. 点击“下载”或“保存”键。如图 0–24。

图 0 – 24

2. 点击存档框，打开“在文件夹中显示”。如图 0–25。

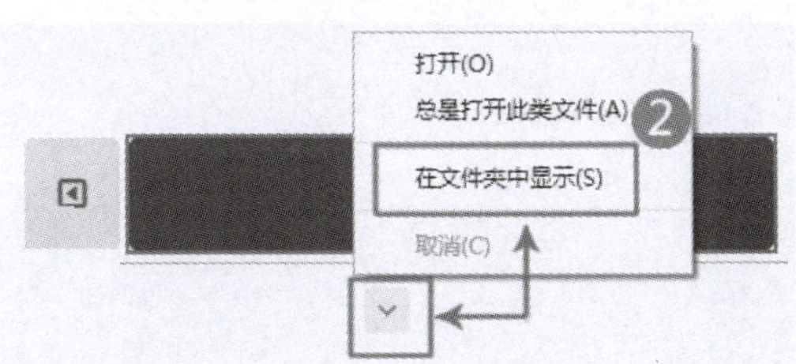

图 0 – 25

3. 在文件夹中找到下载的文件，右击下载好的程序发送至 SIWT。

在 SIWT 所需硬件上就可以显示出你当前下载的程序。

* 本书所给核心板单次只能存储一个（组）程序。当新程序下载后，将自动覆盖之前的程序。

* 可登录 www.siwt. 中国和 www.bitlogic.cn 查看相关视频。

第1章

基本显示功能的应用

导语 基本显示功能的介绍

本章将使用便携式扩展板、转接板等自带的LED矩阵灯作为输出界面，将程序结果进行显示。

LED是发光二极管，由含镓（Ga）、砷（As）、磷（P）、氮（N）等元素组成的化合物制成。当电子与空穴复合[①]时能辐射出可见光，因而可以用来制成发光二极管。在电路及仪器中作为指示灯，或者组成文字或数字显示。砷化镓二极管发红光，磷化镓二极管发绿光，碳化硅二极管发黄光，氮化镓二极管发蓝光。根据化学性质，又分有机发光二极管OLED和无机发光二极管LED。

① 电子与空穴复合（化）：导带中的电子向价带中未填满的能级（空穴）跃进并同时打出光子的过程。

第 1.1 课　夜空的星星

每当夜幕降临，蔚蓝的夜空中就会点缀着无数颗星星。让我们一起来做一个星星吧！

一、本课所需的硬件

硬件：核心板、便携式扩展板（或转接板）。

功能使用：核心板上的芯片，便携式扩展板或转接板上的 LED 矩阵。

二、本课所需的程序模块（表 1–1）

表 1–1 本课所需程序模块

序号	程序模块组	程序模块图标	程序模块功能
1	基本	当开机时	“当开机时”是一个特殊事件，相当于编程逻辑中的“开始”，它在程序运行时处在所有其他事件之前。 使用该事件来初始化程序。
2	基本	显示 LED	在 LED 屏幕上显示字符、数字或图形。

三、本课涉及的编程逻辑（图 1–1）

当开机时，将 LED 矩阵指定位置的灯点亮。

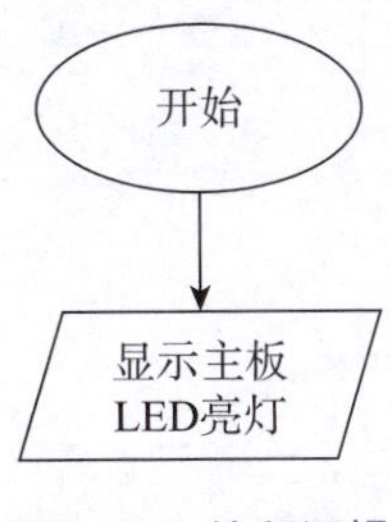

图 1 – 1 编程逻辑

四、本课实施的编程步骤

第一步： 在【基本】程序模块组中，将“当开机时”“显示 LED”程序模块拖到编辑区。

第二步： 将程序模块“当开机时”和“显示 LED”进行组合（图 1–2）。

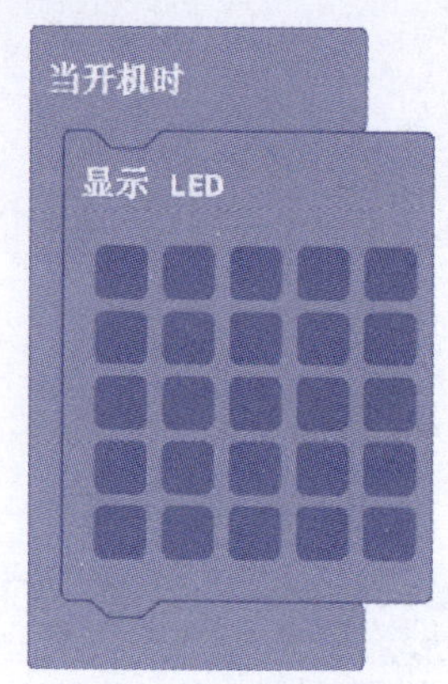

图 1－2　编程步骤

第三步： 在“显示 LED”程序模块上，点击任意一个 LED 点阵（用鼠标单击 LED 点阵，选中则为白色（图 1–3），模拟器中显示为红色；若要取消，可在相同位置再次单击鼠标）。可以观察左侧模拟区的显示的变化来看操作是否成功。本程序中，如果模拟器对应位置的灯被点亮，则标志着程序的成功。

图 1－3　编程步骤

五、本课的参考代码（图 1–4）

图 1－4　参考代码

六、提升训练

请根据本课所学知识，结合自己的观察，完成下列练习：
使用【基本】程序模块中的显示图形、显示数字或显示字符串来设计自己喜欢的内容。

七、思考题

用我们本课的参考程序，星星会一直亮，如果想让星星只亮一次，该怎么办呢?

智能灯

智能灯是智能设备的一种。除了智能灯体外，智能灯还有一个手持智能控制设备。智能灯控制设备具备计算能力和网络联接能力，通过应用程序，功能可以不断扩展。

智能灯开关控制，不但可以通过控制器手动遥控灯的开关，还可以进行定时开关灯的控制。每周可以设定不同的时间开灯和关灯。智能灯还可以对光进行控制。光的亮度、光的冷暖、光的色彩都可以连续手动控制或自动控制。

智能灯中拥有起居、入睡、唤醒、就餐、聚会、爱情、音乐、光疗等八大类灯光效果。无论什么生活场景，无论什么心情，都可以选择合适的灯光效果。

智能灯的发展：

1. 走向以人为本的科学化照明

智能化灯将从纯粹的智能功能的发展转向更注重人行为的智能功能。以人的行为、视觉功效、视觉生理和心理研究为基础，开发更具有科学含量、以人为本的高效、舒适、健康的智能化照明。

2. 满足个性化、层次化的照明

智能技术与灯光控制的结合使照明更进一步地满足不同个体、不同层次群体的照明需求，使照明从满足一般人的需求到满足个体、个性需求。

3. 智能技术与新光源及照明技术的结合，创造崭新的照明文化

智能技术和电子开关等新光源和照明技术的结合，将构筑崭新的照明技术平台。其应用领域从智能家居照明到智能化的城市照明，有无限广阔的前景，并且正在创造一种崭新的高技术和高科学思想的照明文化。

智能化照明是灯具市场的发展趋势。

第 1.2 课　跳动的心

我们的心脏每时每刻都在跳动着，当我们运动时更能清晰地听到心脏的跳动声。正常人心跳频率在每分钟 60~100 次。请感受一下你的心跳频率，并按照你的心跳频率来制作一颗跳动的心吧！

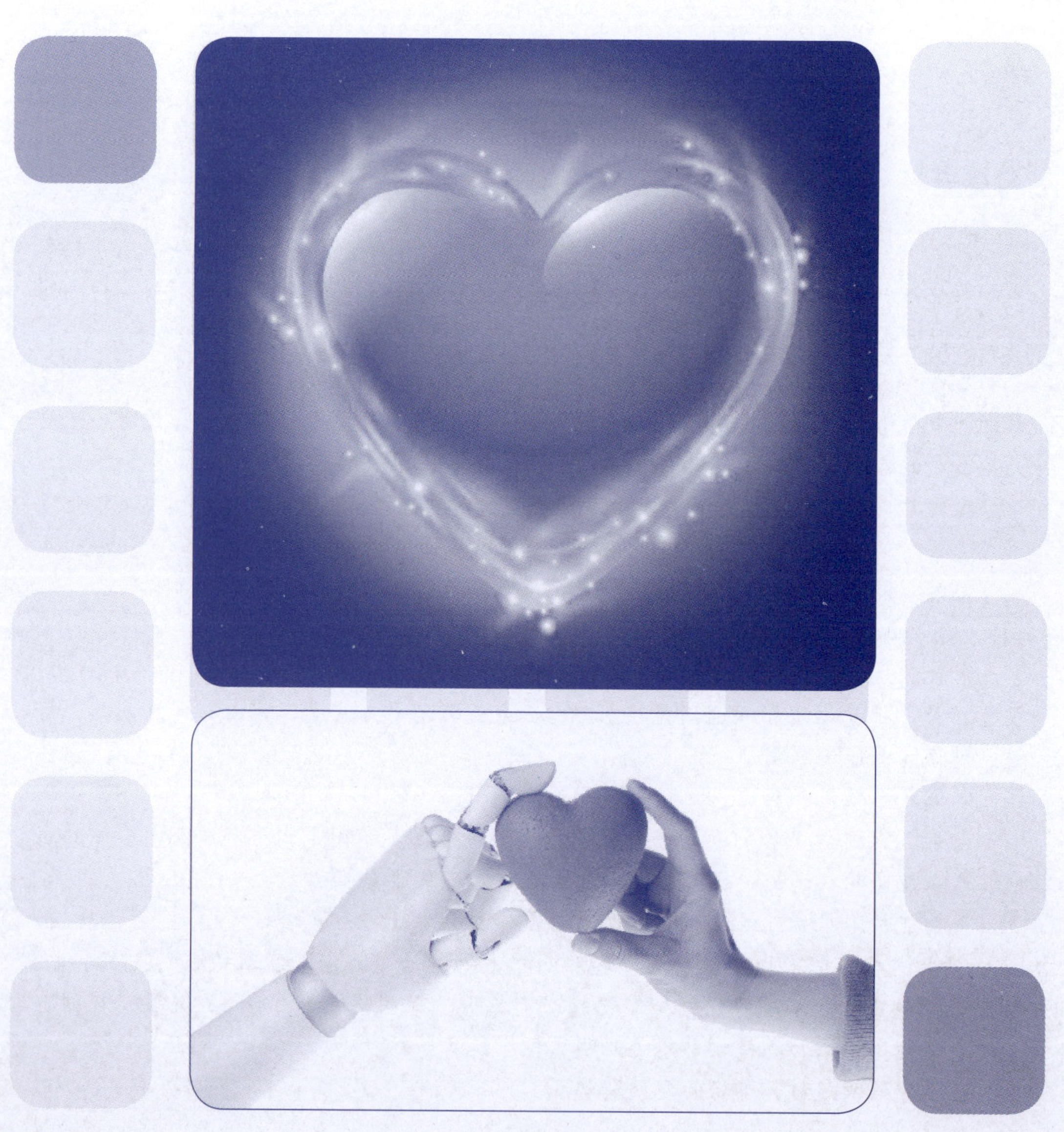

一、本课所需的硬件

硬件：核心板、便携式扩展板（或转接板）。

功能使用：核心板上的芯片，便携式扩展板或转接板上的 LED 矩阵。

二、本课所需的程序模块（见表 1-2）

表 1-2 所需程序模块

序号	程序模块组	程序模块图标	程序模块功能
1	基本	无限循环	"无限循环" 命令启动后，程序不停运行代码。
2	基本	暂停 (ms) 100	暂停程序，时长为设置的毫秒数。
3	基本	显示图标	在 LED 屏幕上显示选定的图标。

三、本课涉及的编程逻辑（图 1-5）

开始后，LED 矩阵显示爱心图标，短时间暂停；LED 矩阵呈现小爱心图标，短时间暂停；然后将上述过程进行无限循环。

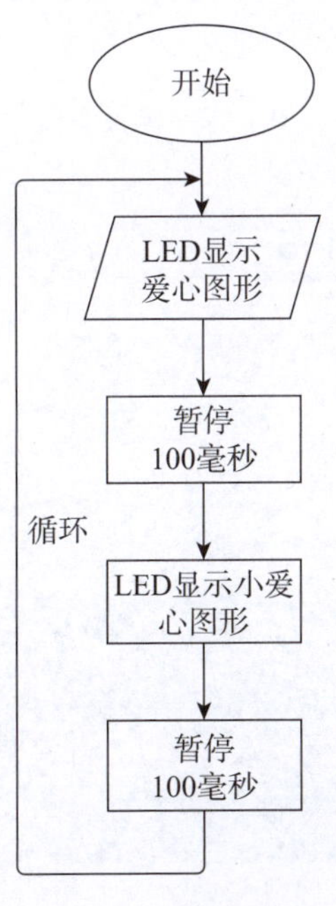

图 1-5 编程逻辑

四、本课实施的编程步骤

第一步： 在【基本】程序模块组中，将“无限循环”“显示图标（爱心）”“暂停”“显示图标（小爱心）”等程序模块拖到编辑区。

第二步： 在无限循环状态下，显示爱心图标（图 1-6）。

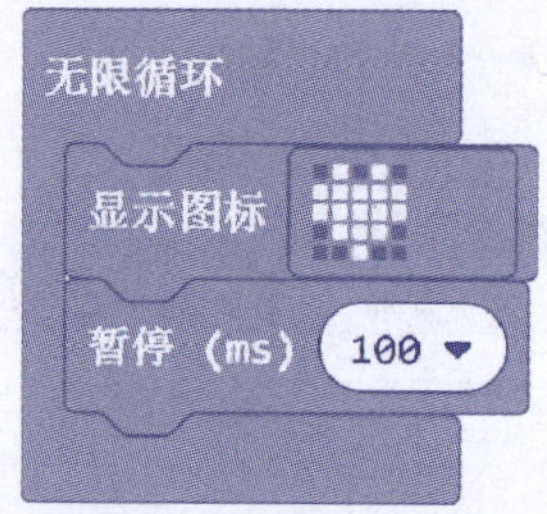

图 1－6　编程步骤

第三步： 然后显示小爱心图标（图 1-7）。

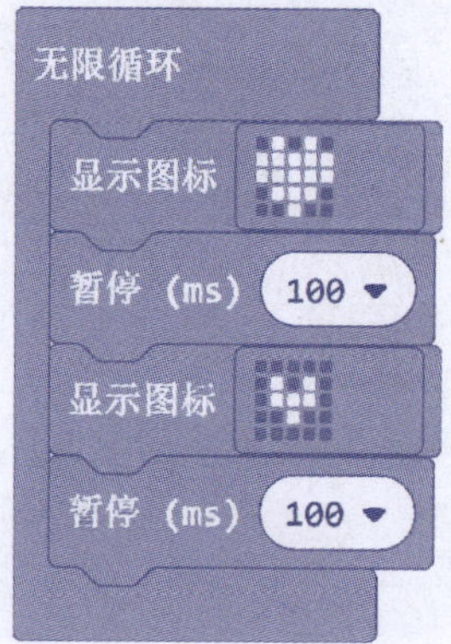

图 1－7　编程步骤

五、本课的参考代码（图 1-8）

图 1－8　参考代码

六、提升训练

请根据本课所学知识，结合自己的观察，完成下列练习：

使用【基本】程序模块组中的“显示字符串”或“显示图标”制作个人英文名字或个人心情的图形。

七、思考题

我们如何用程序模块显示心跳的速度?

心电图发展简史

心电图是利用心电图机从体表记录心脏每一心动周期所产生的电活动变化图形。它起源于十九世纪中叶。

1. 1842 年法国科学家 Mattencci 首先发现了心脏的电活动；

2. 1872 年 Muirhead 记录到心脏波动的电信号；

3. 1885 年荷兰生理学家 W.Einthoven 首次从体表记录到心电波形，当时是用毛细静电计，1910 年改进成弦线电流计。由此开创了体表心电图记录的历史。1924 年 Einthoven 获诺贝尔医学生物学奖。

经过 100 多年的发展，今日的心电图机已经非常完善。不仅具有记录清晰、抗干扰能力强等优点，还有便携、自动分析诊断等功能。未来，心电图机的革新可能还需要你的贡献哦。

第 1.3 课　个人专属电子名片

名片是交往的重要媒介。早在战国时期，中国就出现了最早的名片——“谒”。东汉到唐宋时期，名片叫“门状”，明代叫“名帖”，清末到民国时期才出现了“名片”的称呼。

一张比较正式的商业名片上基本包含了姓名、地址、职务、电话、邮箱、单位（学校）等有效信息。通过它，我们可以很快了解对方的基本信息，是我们自我介绍的一个高效方法。今天，让我们来设计一款属于自己的电子名片来介绍你的姓名、身高和心情吧！

一、本课所需的硬件

硬件：核心板、便携式扩展板（转接板）。

功能使用：核心板上的芯片，便携式扩展板或转接板上的 LED 矩阵。

二、本课所需的程序模块（表 1-3）

表 1-3　所需程序模块

序号	程序模块组	程序模块图标	程序模块功能
1	基本	无限循环	“无限循环”命令启动后，程序不停运行代码。
2	基本	显示图标	在 LED 屏幕上显示图标。
3	基本	显示数字 0	在 LED 屏幕上显示一个数字；如果有一个以上的数字，它就会向左滚动。
4	基本	显示字符串 "Hello!"	在 LED 屏幕上显示一个字母；如果字母多了，它就会向左滚动。
5	基本	暂停 (ms) 100	暂停程序，时长为设置的毫秒数。

三、本课涉及的编程逻辑（图 1-9）

制作名片时，可以体现人的名字、身高和心情。分别对应的模块为“显示字符串”“显示数字”“显示图标”。按照个人喜好的顺序进行展示即可（本课采用姓名、身高、心情的顺序展示）。为了让不同的内容显示得更清晰，我们在不同内容之间设置了暂停。然后，可以将这个过程进行循环，就能不断展示我们的个人信息。

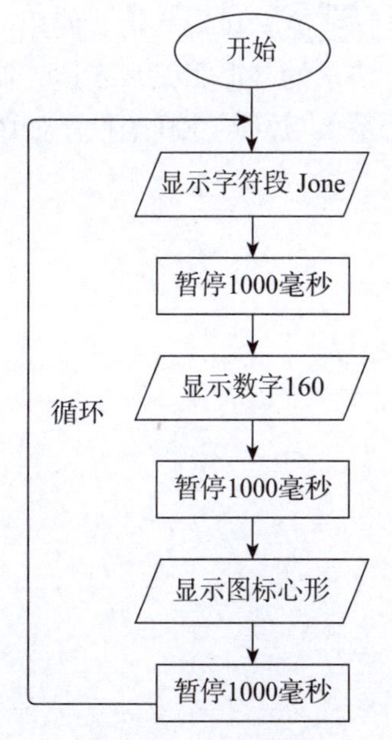

图 1－9　编程逻辑

四、本课实施的编程步骤

第一步： 设置自己的英文名字。使用“显示字符串”程序模块设置自己的英文名字 Jone（假想名称，同学们在编程的时候，请改成自己的名字），暂停 1000 毫秒。如图 1–10 所示：

图 1－10 编程步骤

第二步： 设置自己的身高。使用“显示数字”程序模块设置自己的身高 160（假想身高，同学们在编程的时候，请改成自己的身高），暂停 1000 毫秒。如图 1–11 所示：

图 1－11 编程步骤

第三步： 设置心情。使用“显示图标”程序模块设置自己的心情（本处我们就用一颗表达快乐的心形图案来表达，同学们在编程的时候，可以自己选用或画出不同的图形来表达心情），暂停 1000 毫秒。如图 1–12 所示：

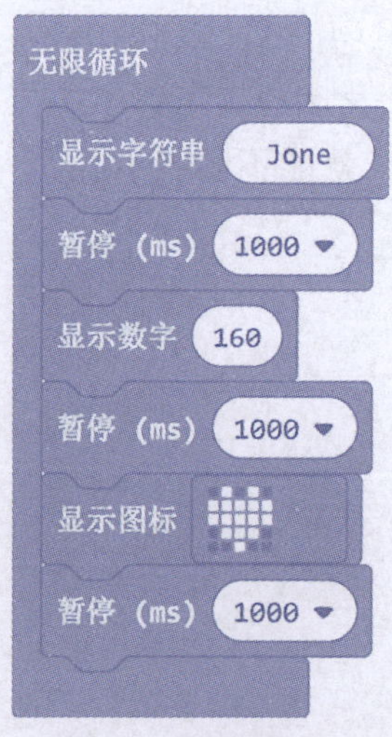

图 1－12 编程步骤

五、本课的参考代码（图 1-13）

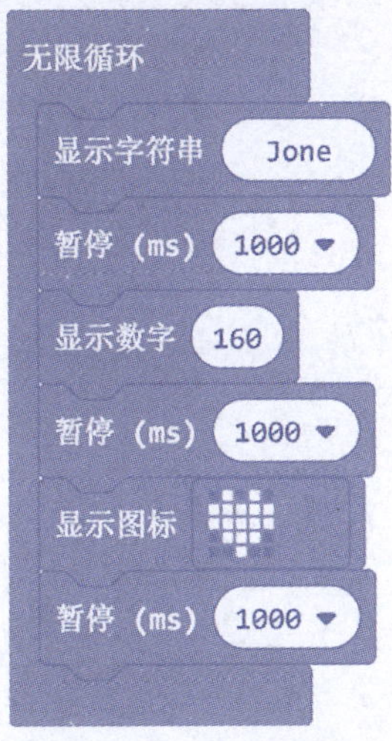

图 1-13 参考代码

六、提升训练

请根据本课所学知识，结合自己的观察，完成下列练习：
制作一个倒计时提醒器：从 5 倒数到 1，然后引爆一颗小炸弹。

七、思考题

怎么做，能让自己的姓名显示时间比其他的内容显示时间更长？

条形码与二维码

条形码

条形码（bar code）是将宽度不等的多个黑条和空白，按照一定的编码规则排列，用以表达一组信息的图形标识符。条形码可以标出物品的生产国、制造厂家、商品名称、生产日期、图书分类号、邮件起止地点、类别、日期等许多信息，因而在商品流通、图书管理、邮政管理、银行系统等许多领域都得到广泛的应用。

条形码的优点：

1. 输入速度快：与键盘输入相比，条形码输入的速度是键盘输入的 5 倍，并且能实现“即时数据输入”。

2. 可靠性高：键盘输入数据出错率为三百分之一，利用光学字符识别技术出错率为万分之一，而采用条形码技术误码率低于百万分之一。

3. 采集信息量大：利用传统的一维条形码一次可采集几十位字符的信息，二维条形码更可以携带数千个字符的信息，并有一定的自动纠错能力。

4. 灵活实用：条形码标识既可以作为一种识别手段单独使用，也可以和有关识别设备组成一个系统实现自动化识别，还可以和其他控制设备联接起来实现自动化管理。

另外，条形码标签易于制作，对设备和材料没有特殊要求，识别设备操作容易，不需要特殊培训，且设备也相对便宜。成本非常低。在零售业领域，因为条码是印刷在商品包装上的，所以其成本几乎为“零”。

条形码的缺点：

1. 一维条码最明显的缺点是可以容纳的数据量小；

2. 一维条码只是在一个方向（一般是水平方向）表达信息，而在垂直方向则不表达任何信息，其一定的高度通常是为了便于阅读器的对准；

3. 贮存数据不多，主要依靠计算机中的关联数据库；

4. 保密性能不高；

5. 损污后可读性差。

二维码

二维条码 / 二维码（2-dimensional bar code）是用某种特定的几何图形，按一定规律，用在平面（二维方向上）分布的黑白相间的图形，记录数据符号信息。二维码与之前我们见到的条形码相比从外形上看更加复杂，但其中包含的内容也更多，所以它也表现出以下几方面的优缺点。

二维码的优点：

1. 二维码包含更多的信息量。二维码采用了高密度编码，小小的图形中可以容纳 1850 个大写字母或 2710 个数字或 1108 个字节，或 500 多个汉字，是普通条码信息容量的几十倍。如此大的信息量能够让我们把多种样式的内容转换成二维码，通过扫描，传播更大信息量。

2. 编码范围广。二维码可以把图片、声音、文字、签字、指纹等可以数字化的信息进行编码，用条码表示出来；可以表示多种语言文字；可以表示图像数据。

3. 二维码译码准确。我们知道二维码只是一个图形，想要获取图形中的内容就需要对图形进行译码。二维码的译码误码率为千万分之一，比普通条形码的译码误码率要低很多。

4. 能够引入加密措施。和条形码相比，二维码的保密性更好。通过在二维码中引入加密措施，能更好地保护译码内容不被他人获得。

5. 成本低，易制作。二维码含有非常多的内容，但其成本并不高，并且能够长久使用。

二维码的缺点：

1. 二维码具有信息量大的特点，但这是一把双刃剑。我们通过二维码在获得更多信息的同时，也有可能因为这个小小的二维码将自己的个人信息泄露。现在火车票上都已经有了可以储存个人信息的二维码，而在不久前，就发生过因为车票随意丢弃，被不法分子利用，从而获取乘客信息进行非法活动的事件。

2. 识别二维码的设备还不够丰富。二维码内存储了大量信息，想要获取这些内容，我们必须使用相关的解码设备。目前的解码设备包括手持式和固定式的扫描枪，和我们手中带有摄像头的手机等。

第2章

内置传感器的应用

导语 内置传感器的介绍

本章将使用硬件组自带内置传感器作为应用工具，完成相关的编程学习。

传感器定义：是一种检测装置，能感受到被测量的信息，并能将感受到的信息，按一定规律变换成为电信号或其他所需形式的信息输出，以满足信息的传输、处理、存储、显示、记录和控制等要求。

常用传感器：超声波传感器、温度传感器、湿度传感器、气体传感器、气体报警器、加速度传感器、磁敏传感器等。

SIWT 系列硬件中拥有内置传感器的有核心板和便携式扩展板，它们都集成了温度传感器、加速度地磁传感器。

第 2.1 课　温度计

最早的温度计是在 1593 年由意大利科学家伽利略发明的。他的第一个温度计是用一根一端是敞口、另一端是核桃大的玻璃泡的玻璃等制作的。后来法国人布利奥在 1659 年将伽利略的温度计进行了改进。1709 年，荷兰人华伦海特利用酒精制作温度计。1714 年，他又利用水银作为测量物质，制造了更精确的温度计。

目前温度计的种类很多，有转动式温度计、半导体温度计、热电偶温度计、光测高温计、液晶温度计、数字温度计、水银温度计等。我们今天来制作一个电子温度计吧！

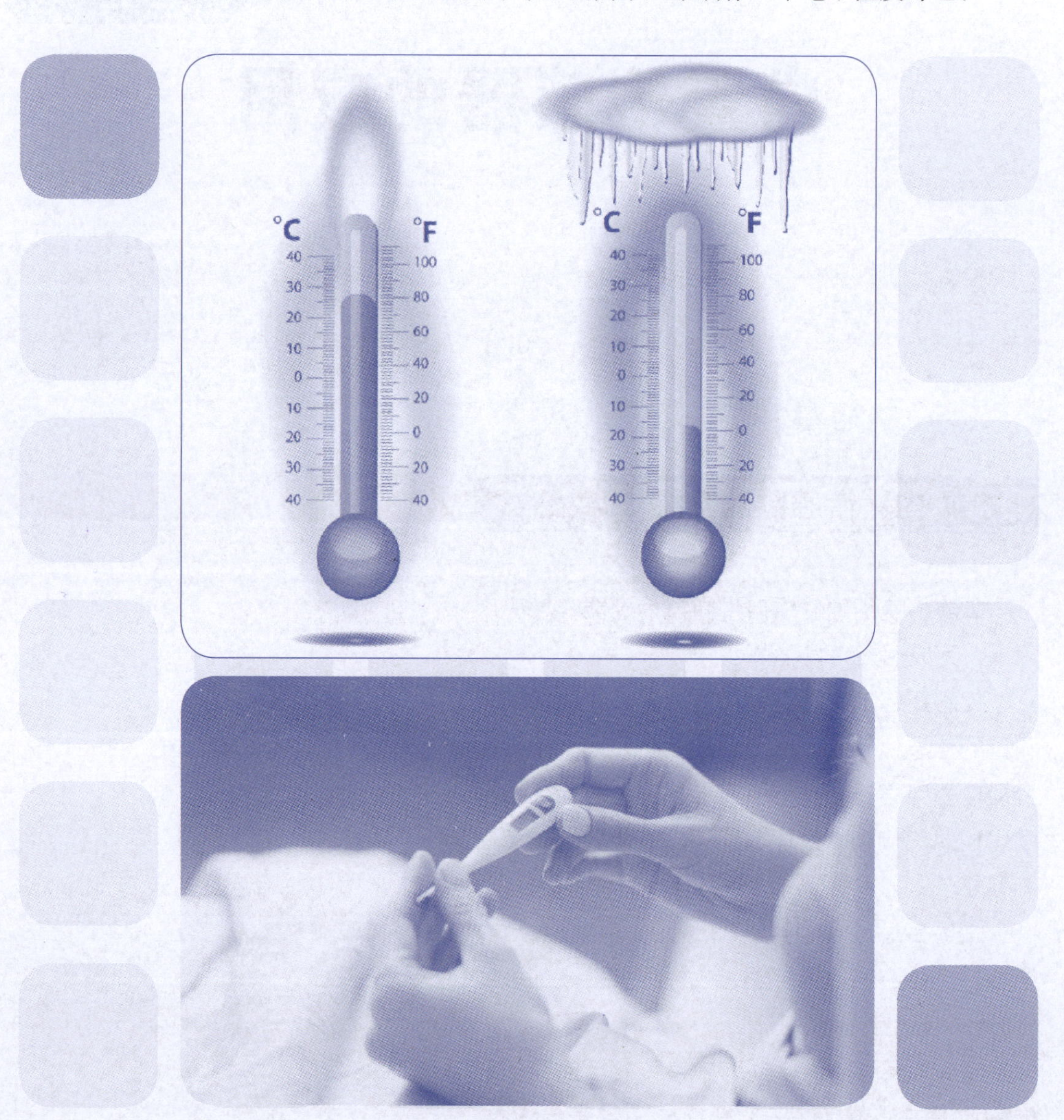

一、本课所需的硬件

硬件：核心板、便携式扩展板（或转接板）。

功能使用：核心板上的芯片、温度传感器、便携式扩展板或转接板上的 LED 矩阵。

二、本课所需的程序模块（表 2–1）

表 2–1　所需编程模块

序号	程序模块组	程序模块图标	程序模块功能
1	输入	温度（°C）	获取外界温度，单位为摄氏度。
2	基本	当开机时	“当开机时”是一个特殊事件，相当于“开始”，它在程序运行时处在所有其他事件之前。使用该事件来初始化程序。
3	基本	显示数字 0	在 LED 屏幕上显示一个数字。如果有一个以上的数字，它就会向左滚动。

三、本课涉及的编程逻辑（图 2–1）

当程序开始运行后，获取当前外界温度并将其值作为变量，最后显示变量即外界的温度。

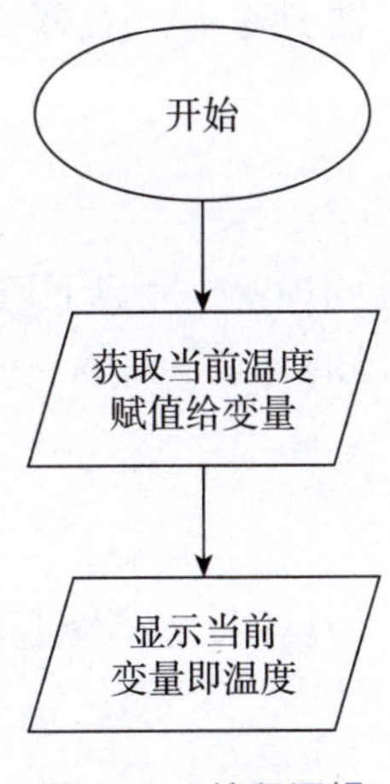

图 2－1　编程逻辑

四、本课实施的编程步骤

第一步： 在【基本】程序模块组中，将“当开机时”“显示数字”模块拖到程序编辑区进行组合。如图 2–2 所示：

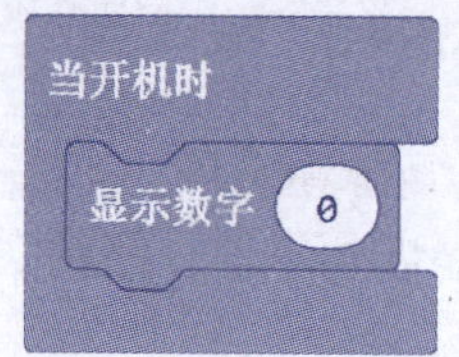

图 2－2　编程步骤

第二步：在【输入】程序模块组中，将“温度”程序模块拖到编辑区；设置显示数字为温度的值。如图 2–3 所示：

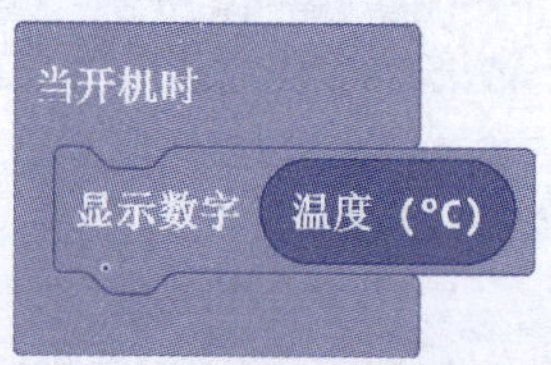

图 2－3　编程步骤

五、本课的参考代码（图 2–4）

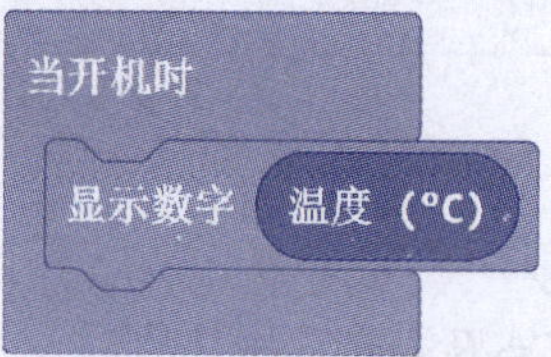

图 2－4　参考代码

六、提升训练

请根据本课所学知识，结合自己的观察，完成下列练习：
使用程序模块让 LED 在无限循环的状态下每隔一段时间显示外界温度。

七、思考题

为什么用我们这个温度计测出来的温度，会比实际温度偏高？

生活中的热胀冷缩

爱打乒乓球的人都知道，不小心把乒乓球弄瘪了，没有关系，用开水烫瘪的地方就会鼓起来，又可以继续玩了。大概许多人都知道这其中的奥秘，这是由于乒乓球里的空气受热后体积膨胀，把原来瘪的地方顶起来，乒乓球就修复好了。

气体不仅有受热膨胀的特性，而且遇冷还会收缩，这就是平常人们所说的热胀冷缩。

自然界中许许多多的物体都具有热胀冷缩的性质，物体的这种性质给人们的生活带来了许多方便，也带来了一些麻烦。比如，往自行车的车把上套塑料套时，先用热水烫一下塑料套，再往车把上套，由于热膨胀，就比较容易地将塑料套套上。过一会儿，塑料套遇冷收缩，就能紧紧地套在车把上了。而烧开水时，水壶里的水如果灌得太满，水受热后体积膨胀，会从壶里溢出。

因此，就要想办法防止热胀冷缩造成的危害。比如，夏天架电线时要架得松一些，以防止冬天电线遇冷收缩时断了；冬天铺设铁轨时，铁轨间要留有一定的空隙，防止夏天铁轨受热，膨胀使衔接处凸起来，容易发生火车出轨事故；为了使桥梁有膨胀和收缩的余地，同样在桥梁上设置伸缩缝，以便不会发生翘曲；夏天不要把自行车内胎的气打得太足，防止空气受热膨胀，使内胎爆裂。

第 2.2 课　量角器

我们生活和学习中经常见到一些画图用的量角器。它们大多都是用塑料或者铁制作的，通常需要我们去读数。而电子量角器，可以把测出来的角度直接在屏幕上显示出来。怎样制作一个电子量角器呢？让我们一起探索吧！

一、本课所需的硬件

硬件：核心板、便携式扩展板。

功能使用：核心板上的芯片，便携式扩展板上的加速度地磁传感器和 LED 矩阵。

二、本课所需的程序模块（表 2–2）

表 2–2　所需程序模块

序号	程序模块组	程序模块图标	程序模块功能
1	输入	旋转（°） 旋转 ▾	核心板沿着“X 轴”或“Y 轴”旋转的角度。
2	基本	无限循环	“无限循环”命令启动后，程序不停地运行代码。
3	基本	显示数字 0	在 LED 屏幕上显示一个数字。如果有一个以上的数字，它就会向左滚动。
4	基本	暂停（ms） 100 ▾	暂停程序，时长为所设置的毫秒数。

三、本课涉及的编程逻辑（图 2–5）

量角器测量角度开始时，获取当前外界角度给芯片，显示角度暂停后显示新的角度。

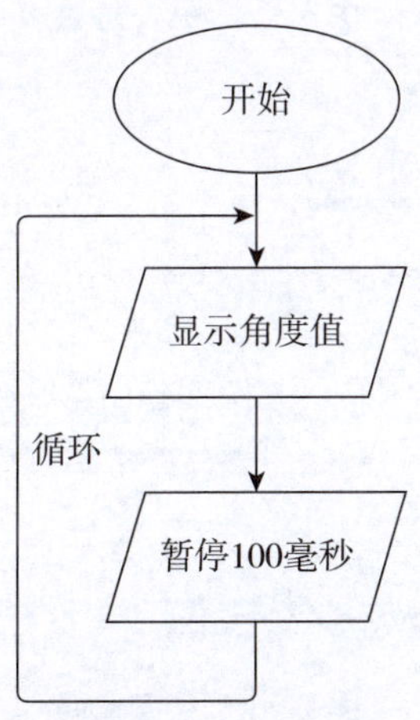

图 2 – 5　编程逻辑

四、本课实施的编程步骤

第一步： 在【基本】程序模块组中，将“无限循环”“显示数字”进行组合。如图 2–6 所示：

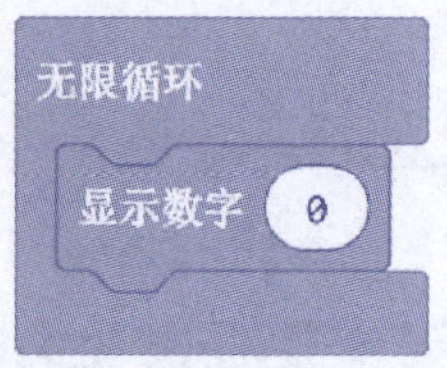

图 2 – 6 编程步骤

第二步： 设置旋转角度时显示数字。如图 2–7 所示：

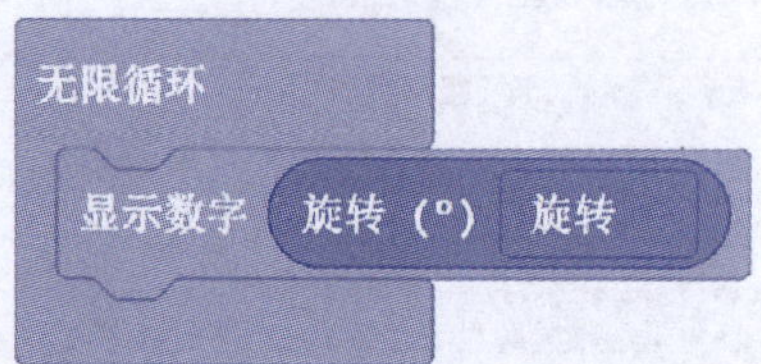

图 2 – 7 编程步骤

第三步： 将旋转角度的数字暂停 100 毫秒。如图 2–8 所示：

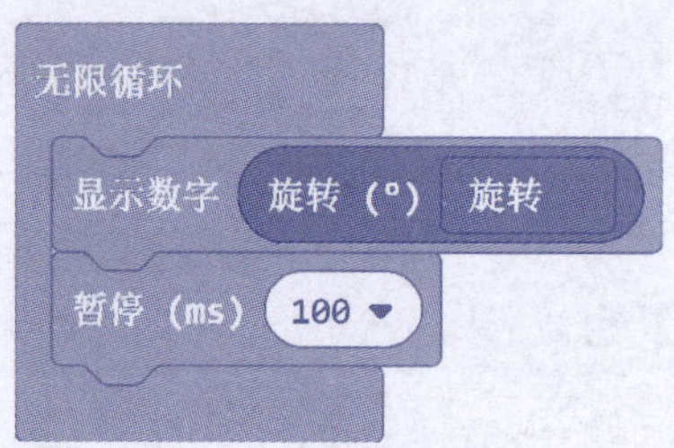

图 2 – 8 编程步骤

五、本课的参考代码（图 2–9）

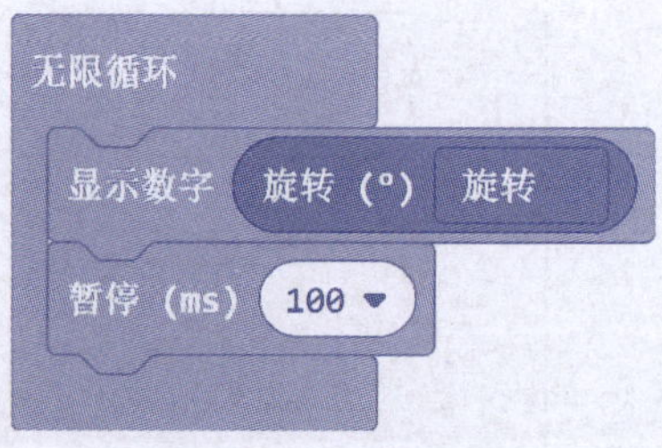

图 2 – 9 参考代码

六、提升训练

请根据本课所学知识，结合自己的观察，完成下列练习：
用程序模块制作一个测量到 45° 或 90° 的角度时发出提示声音的量角器。

七、思考题

使用 SIWT 硬件进行角度测量时，怎么确定起始边？

怎样用指针手表确定方向

一般情况下，太阳在当地时间 6 点左右时，在东方，12 点时，在南方，18 点左右时，在西方。根据这一规律，便可以利用手表根据太阳大致判定方向。

方法 1：把当时的时间除以 2（每日 24 小时计时制），得到的数字的指针对准太阳的方向，则 12 点所对的方向即为北方。例如，下午 4 点即 16 点，除以 2 得 8，把 8 点的位置对准太阳的方向，则 12 的方向就是北方。

方法 2：当我们在北半球时，把表平放，时针指向太阳，时针与 12 点刻度平分线的反向延伸方向就是北方。

当我们在南半球时，将 12 点的刻度对准太阳的方向，12 点的刻度和时针之间夹角的中线所对方向就是正南，反向延伸就是正北。

第 2.3 课　自动计数器

同学们，你想知道自己每天走了多少步吗？怎么知道自己每天走了多少步呢？需要我们一步一步来数吗？当然不用，现在的智能手环、智能手机等，大都有这个自动计步功能。今天，我们就来研究它的原理，来制作一个属于我们自己的自动计数器吧！

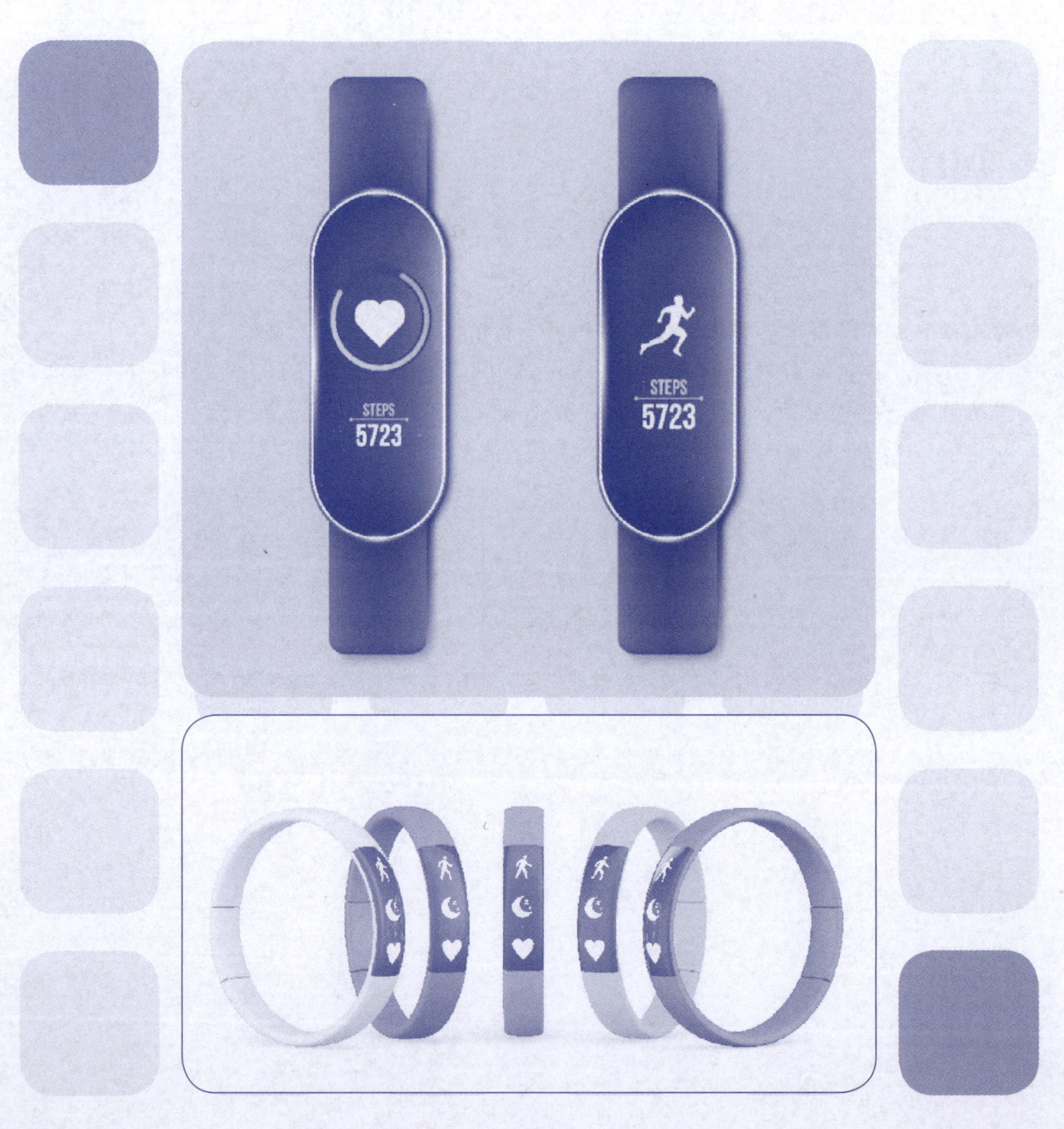

一、本课所需的硬件

硬件：核心板、便携式扩展板。

功能使用：核心板上的芯片，便携式扩展板上的加速度地磁传感器和 LED 矩阵。

二、本课所需的程序模块（表 2-3）

表 2-3 所需程序模块

序号	程序模块组	程序模块图标	程序模块功能
1	输入	当 振动 ▾	完成一个特定动作（如晃动硬件）时执行操作。
2	变量	以 1 为幅度更改 item ▾	以某个幅度更改某个变量的值。
3	基本	显示数字 0	在 LED 屏幕上显示一个数字；如果有一个以上的数字，它就会向左滚动。
4	变量	item ▾	设置变量为任何事物或项目。

三、本课涉及的编程逻辑（图 2-10）

当开机时，晃动所需硬件，然后累加器计数，最后显示当前数字。

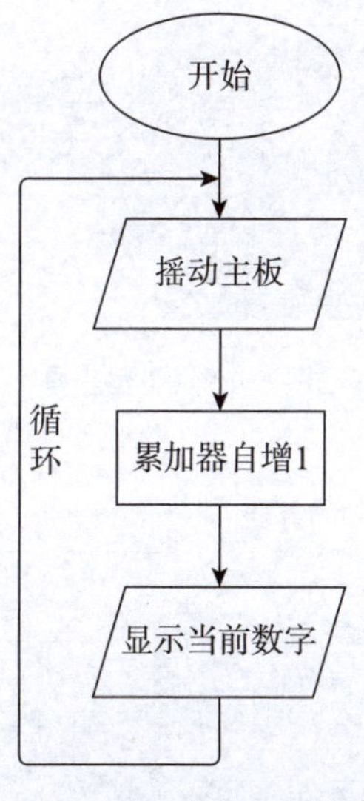

图 2-10 编程逻辑

四、编程步骤

第一步： 在【输入】程序模块组中，将“当振动”模块拖到程序编辑区；在【变量】程序模块组中，将“以 1 为幅度更改 item”模块拖到程序编辑区，进行组合。如图 2–11 所示。

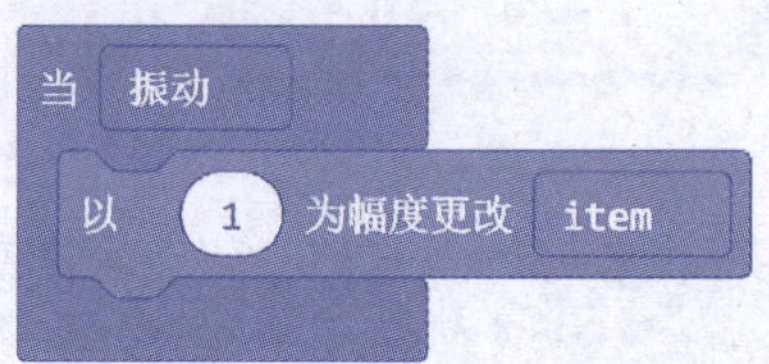

图 2－11　编程步骤

第二步： 在【基本】程序模块组中，将“显示数字”模块拖到程序编程区，进行组合。如图 2–12 所示。

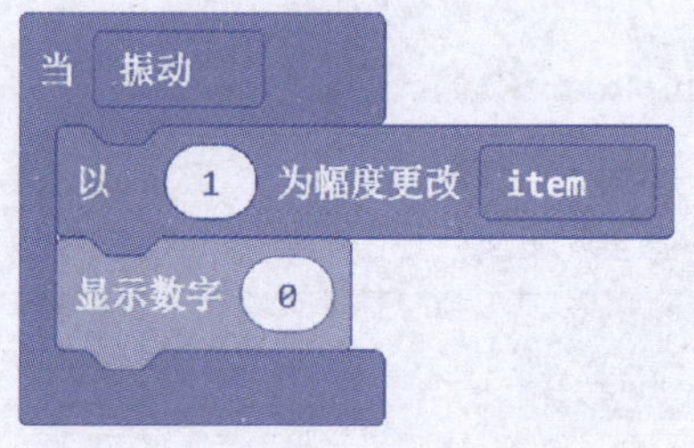

图 2－12　编程步骤

第三步： 在【输入】程序模块组中将“item”拖到程序编程区，设置显示数字为 item 的值。如图 2–13 所示。

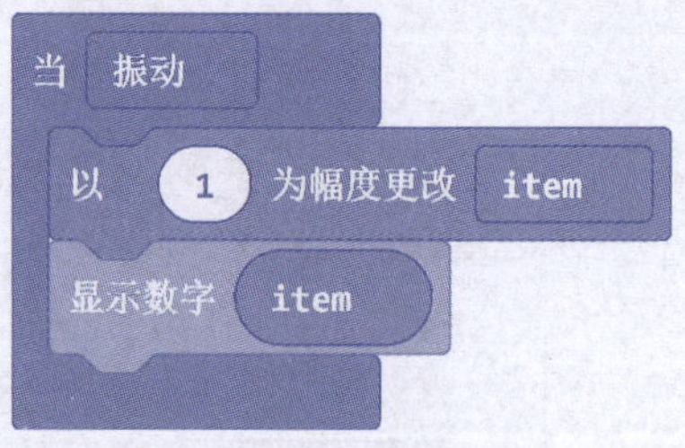

图 2－13　编程步骤

五、本课的参考代码（图 2–14）

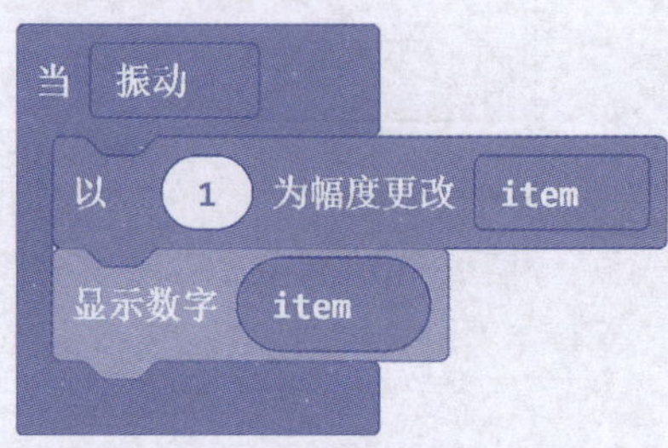

图 2－14　参考代码

六、提升训练

请根据本课所学知识，结合自己的观察，完成下列练习。

编辑一个程序，能实现以下功能：通过晃动核心板，能自动累加数字，当数字累加到20时，提示 dadadum 的声音，并显示笑脸图标。

七、思考题

个子高的同学和个子矮的同学，用你制作的计步器，走完操场一圈，计步器显示的数字会不会有差异？为什么？

“智能穿戴”和“可穿戴设备”

什么是智能穿戴

智能穿戴可以理解为传感器穿戴，也可以把智能穿戴理解为产业智能化相关载体产品的总称。智能穿戴所涉及的领域遍及整个物联网应用范围，包括军事、工业、环境、智能家居、智慧医疗、农业及航天工程等。在学术层面上把智能穿戴定义为物联网的终端物理载体。

智能穿戴真正意义上的崛起是在谷歌借助于智能眼镜引爆了整个智能穿戴产业之后。随着整个智能终端产业的快速裂变，以短距离通讯、云服务、人工智能等物联网基础设施技术的快速发展为基础，加上智能穿戴产业的进步，物联网智能穿戴时代才真正意义上被开启，这也就奠定了从互联网向物联网演变的基础。了解智能穿戴产业的重要性，其意义远超我们基于一些可穿戴设备所建立起来的知识。因此，智能穿戴产业就是一切智能化终端的总称，也是构建物联网的关键终端载体。

什么是可穿戴设备

通常我们在实际的表述过程中，一般把智能穿戴与可穿戴设备两者之间对等起来，从严格意义上来讲这并不准确，通常也只是为了更好地普及智能穿戴产业。其实可穿戴设备只是智能穿戴产业中的一个分支。可穿戴设备是指围绕人体智能化的那部分，可穿戴设备主要是以人体“穿”“戴”为主要表现形式的智能化终端设备。

可穿戴设备就是穿戴在人体皮肤外的穿戴式产品，它是在设备里面植入芯片和蓝牙模块与智能手机进行连接，从而实现可穿戴设备的管理与数据交互等功能。

第 2.4 课　猜丁壳

当我们遇到某事比较难选择时，经常用石头、剪刀、布来决定。我们可以根据自己的推理来出石头、剪刀或布，输赢可以把握在我们自己手里。如果出拳由一个智能设备随机选出，那输赢就只能靠运气了。我们一起来制作一个猜丁壳智能设备看看自己的运气如何吧！

一、本课所需的硬件

硬件：核心板、便携式扩展板。

功能使用：核心板上的芯片，便携式扩展板上的加速度地磁传感器和LED矩阵。

二、本课所需的程序模块（表2-4）

表2-4　所需编程模块

序号	程序模块组	程序模块图标	程序模块功能
1	输入	当 振动	完成一个特定动作（如振动硬件）时执行下一步操作。
2	变量	将 item 设为 0	将item设置变量为某事物或项目。
3	逻辑	0 = 0	如果两个输入值或变量相等，则返回true（真）。
4	逻辑	如果为 true 则	如果值或条件为true（真），执行则中的代码。
5	数学	选取随机数，范围为 0 至 10	选择0到“无限值”之间的随机数。

三、本课涉及的编程逻辑（图2-15）

当开机时，通过振动核心板，核心板将随机产生一个数值，变量item设置为随机值0—2（注意，0也是一个参数，这样一共有3个参数，分别对应剪刀、石头和布），然后对随机产生的变量进行判断，当判断变量item是2，则显示布，否则就继续进行判断，如果变量item是1，则显示石头，如果两者都不是则显示为剪刀（当然，你在编程的时候可以对剪刀、石头、布任意赋值。）。

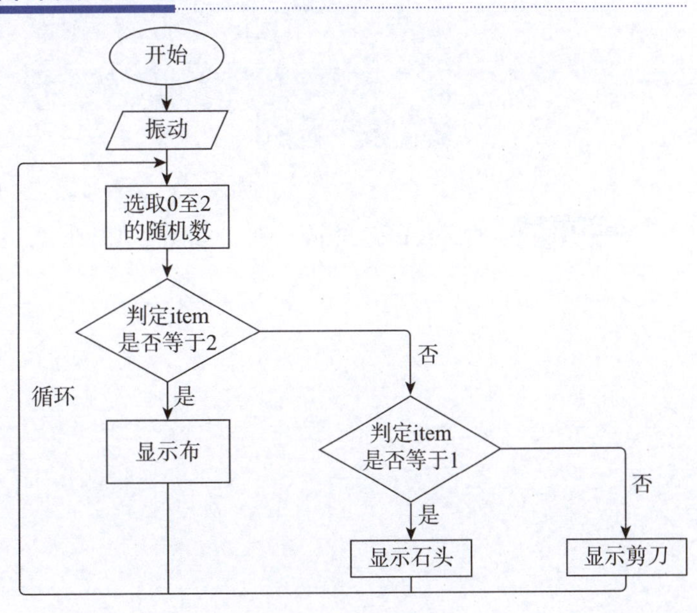

图2-15　编程逻辑

四、本课实施的编程步骤

第一步： 在【输入】程序模块组中，将“当振动”拖到编辑区，如图 2-16 所示：

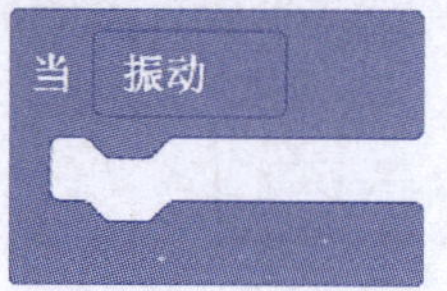

图 2-16　编程步骤

第二步： 将变量 item 设为 0—2 中随机的一个数，如图 2-17 所示：

图 2-17　编程步骤

第三步： 如果为变量 item 等于 2 时，如图 2-18 所示：

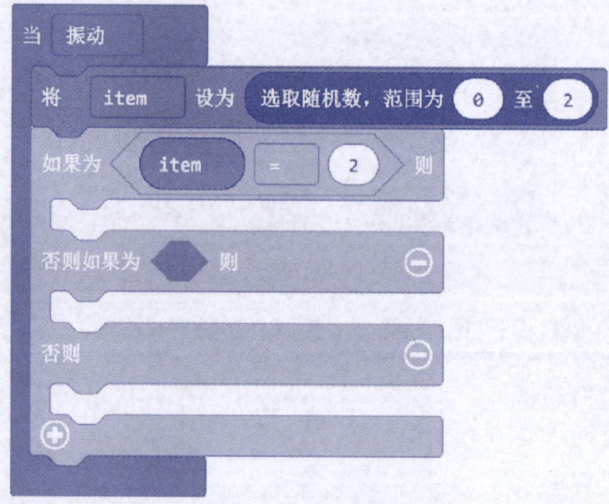

图 2-18　编程步骤

第四步： 则显示 LED 矩阵为布，如图 2-19 所示：

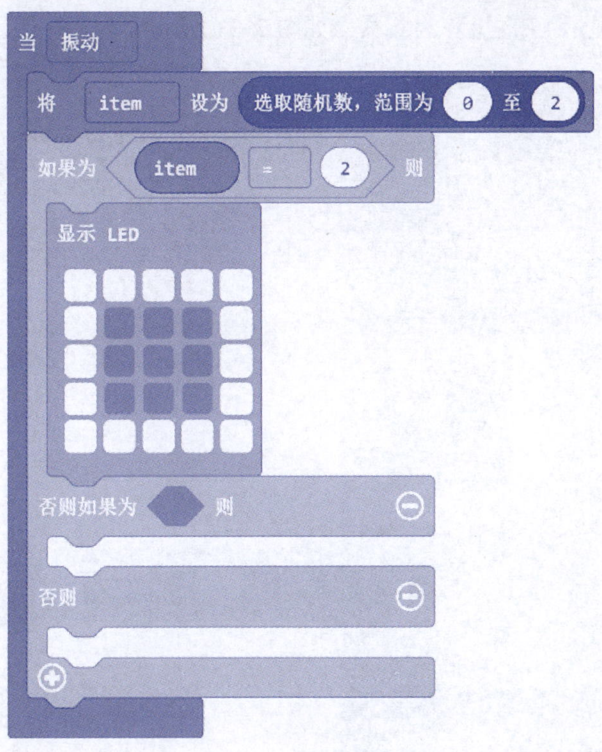

图 2 - 19 编程步骤

第五步： 如果变量 item 等于 1 时，如图 2–20 所示：

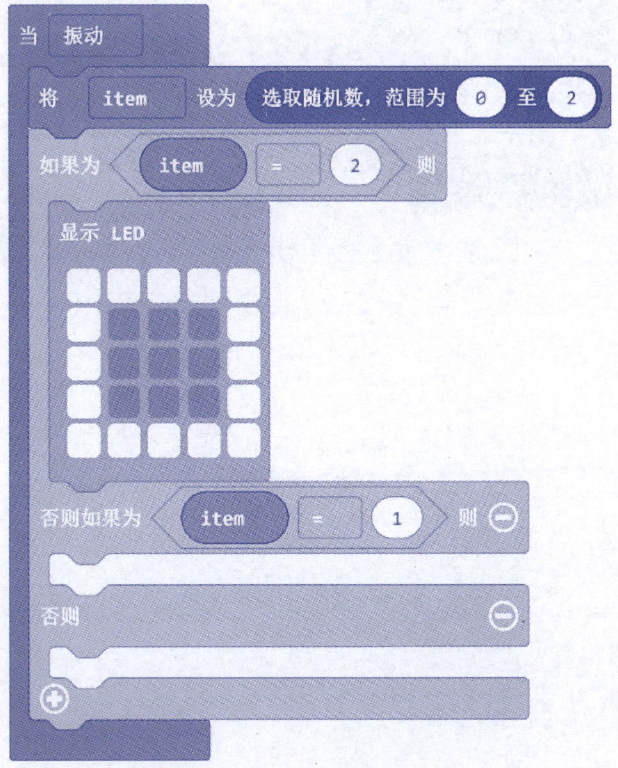

图 2 - 20 编程步骤

第六步：则显示 LED 矩阵为石头，如图 2–21 所示：

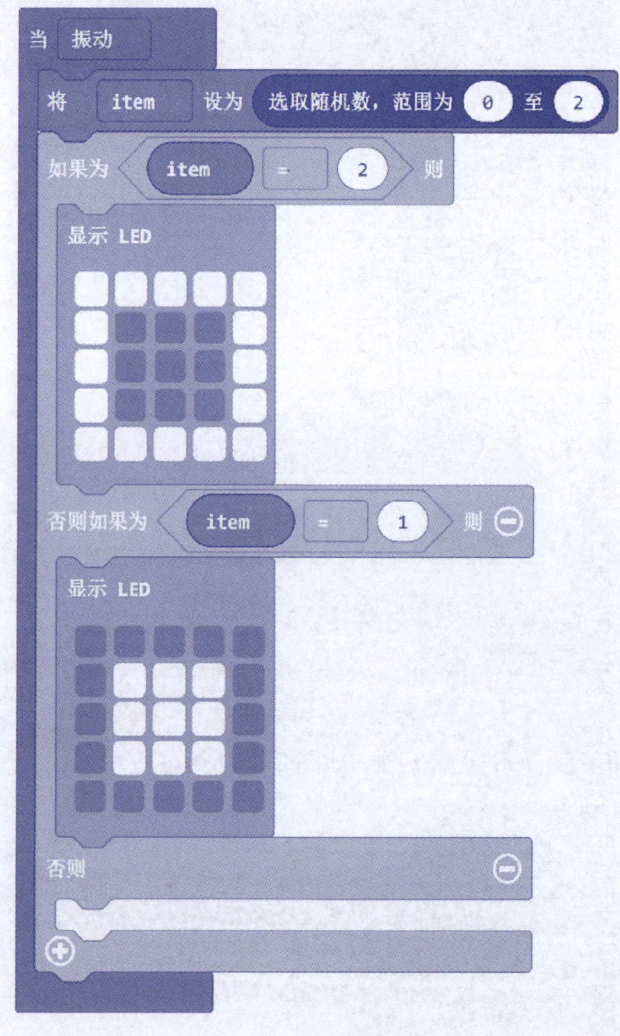

图 2 - 21　编程步骤

第七步： 否则显示 LED 矩阵为剪刀，如图 2–22 所示：

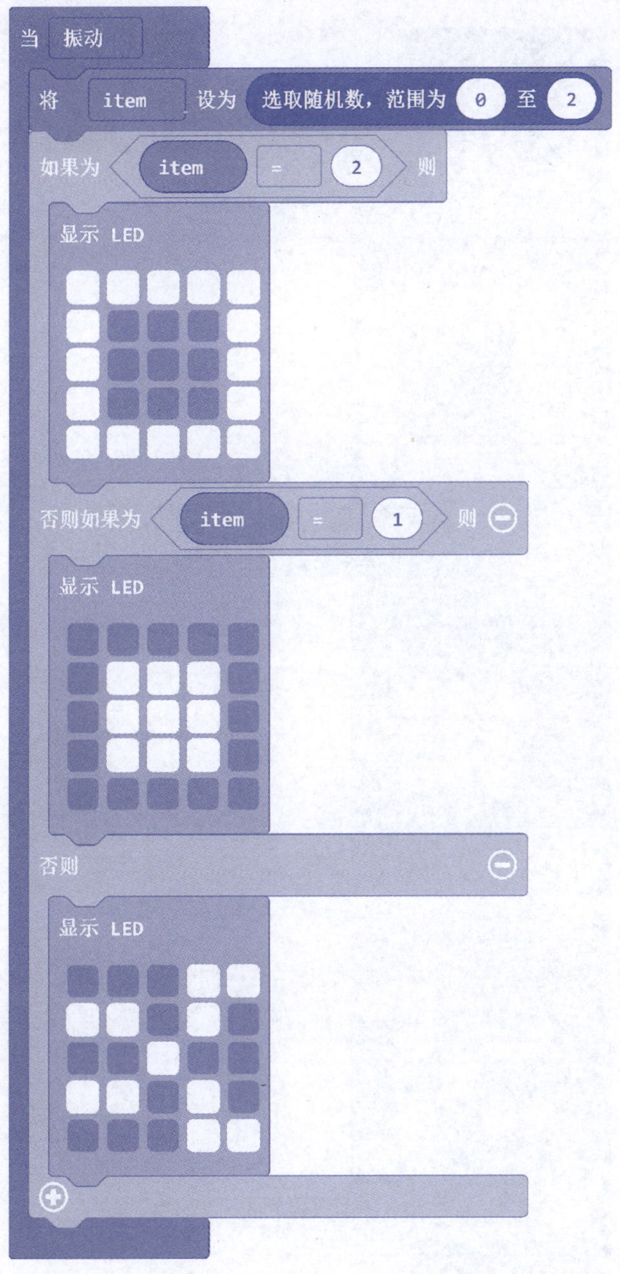

图 2 – 22　编程步骤

五、本课的参考代码（图 2-23）

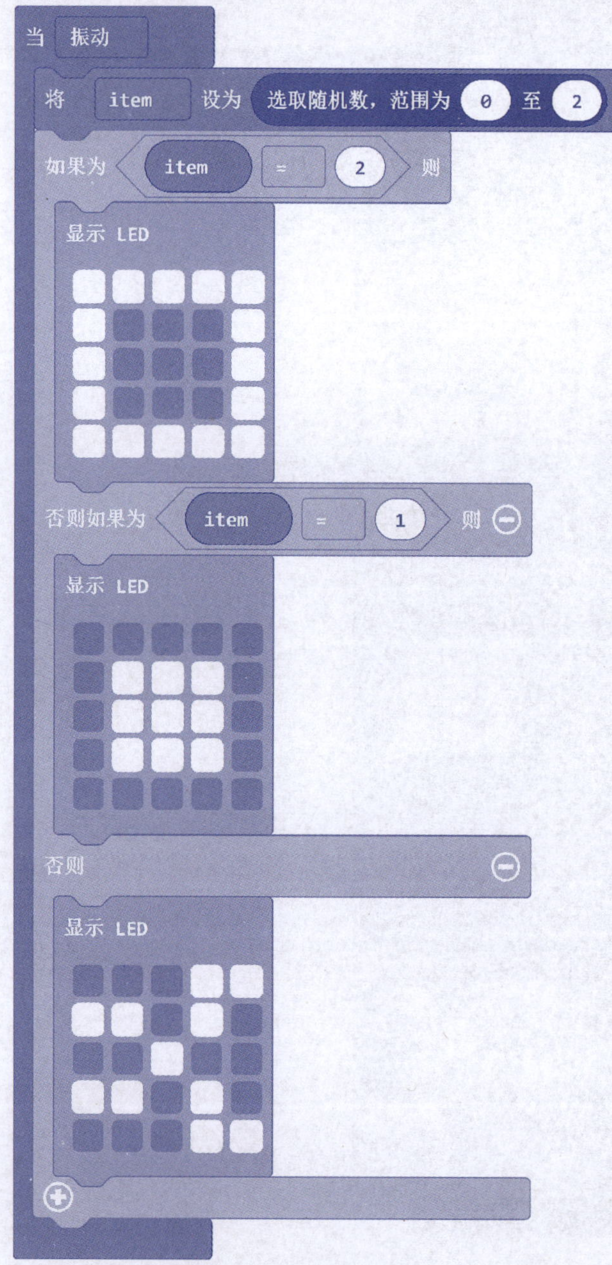

图 2－23　参考代码

六、提升训练

请根据本课所学知识，结合自己的观察，完成下列练习。

如何用程序模块制作带有音乐效果的猜丁壳?

七、思考题

振动核心板的幅度是否会影响出拳的结果？

博弈出处

《论语·阳货》："饱食终日，无所用心，难矣哉！不有博弈者乎？为之，犹贤乎已。"
《汉书·游侠传》："祖父遂，字长子，宣帝微时与有故，相随博弈，数负进。"
《郑公神道碑文》："公与宾客朋游，饮酒必极醉，投壶博弈，穷日夜，若乐而不厌者。"
《少室山房笔丛·九流绪论上》："艺主书计射御，而博弈绘画诸工附之。"
《策别》十七："出为盗贼，聚为博弈，群饮於市肆，而叫号於郊野。"
《财神问对》："聚为博弈，出为盗贼。"

第 2.5 课　指南针

指南针又叫司南，是我国古代四大发明之一。磁针在天然地磁场的作用下会产生转动，并保持磁针的北极指向地球（地磁）的南极，古人利用这一性能制作指南针来辨别方向。二十一世纪的今天，很多智能设备中都含有电子指南针。今天，就让我们一起来制作一个电子指南针吧。

一、本课所需的硬件

硬件：核心板、便携式扩展板。

功能使用：核心板上的芯片，便携式扩展板上的加速度地磁传感器和LED矩阵。

二、本课所需的程序模块（表2-5）

表2-5 所需编程模块

序号	程序模块组	程序模块图标	程序模块功能
1	输入	指南针朝向（°）	获取当前罗盘方位，角的单位为度。
2	变量	将 item 设为 0	将item设置变量为某事物或项目。
3	逻辑	0 < 0	当输入值或变量前者小于后者时，结果为真（true）。
4	逻辑	或	任意一个输入值为真（true），结果为真（true）。
5	逻辑	如果为 true 则	如果值或条件为真（true），执行则中代码。
6	基本	显示 LED	在LED屏幕上显示字符、数字或图形。
7	基本	显示字符串 "Hello!"	在LED屏幕上显示一个字母，如果有一个以上的字母它就会向左滚动。

三、本课涉及的编程逻辑（图2-24）

本课的核心逻辑是利用加速度地磁传感器获取SIWT硬件与地磁线的夹角，根据夹角的大小进行多级判断来确定方向。开始设置初始化方向为0，旋转核心板，让磁场磁力线方向和核心板中心线形成一定的夹角，判断该夹角大小：当该角度小于45度就显示N（北方）；当夹角大于45度、小于135度显示E（东方）；当夹角大于135度、小于225度显示S（南方）；当夹角大于225度、小于315度显示W（西方）；当夹角大于315度、小于360度则显示N（北方）。

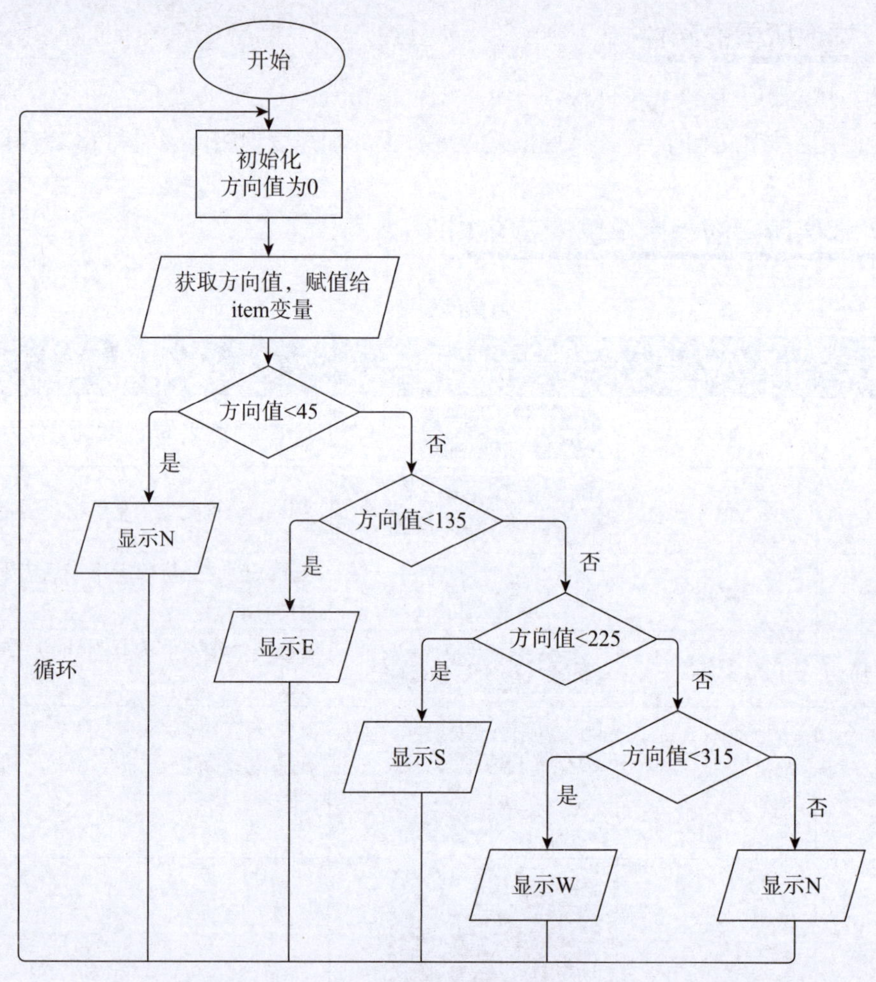

图 2－24　编程逻辑

四、本课实施的编程步骤

第一步： 在无限循环的状态下，将变量（item）设为指南针朝向。如图 2–25 所示：

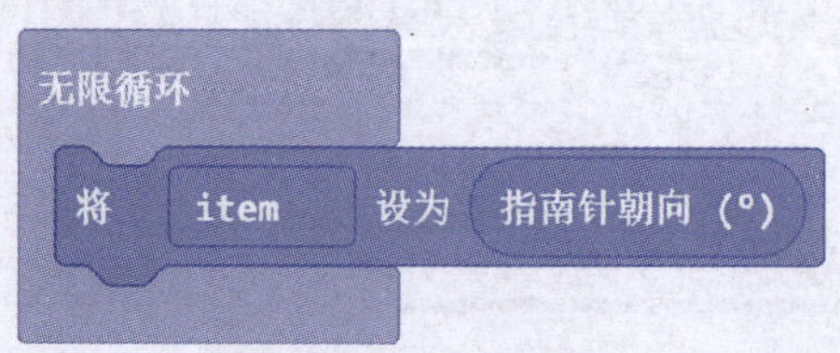

图 2－25　编程步骤

第二步： 如果指南针朝向角度小于 45° 时，则显示 N（北方）。如图 2–26 所示：

图 2 - 26　编程步骤

第三步： 否则如果指南针朝向角度小于 135° 时，则显示 E（东方）。如图 2–27 所示：

图 2 - 27　编程步骤

第四步： 否则如果指南针朝向角度小于 225° 时，则显示 S（南方）。如图 2–28 所示：

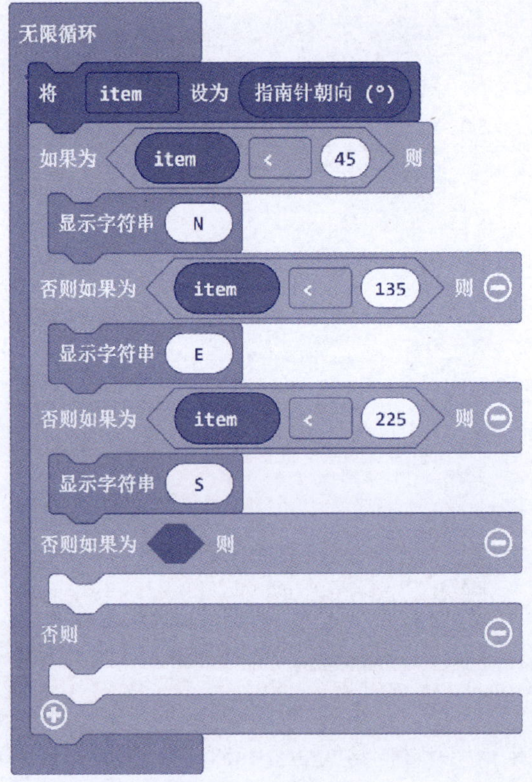

图 2－28 编程步骤

第五步： 否则如果指南针朝向角度小于 315° 时，则显示 W（西方），如图 2-29 所示：

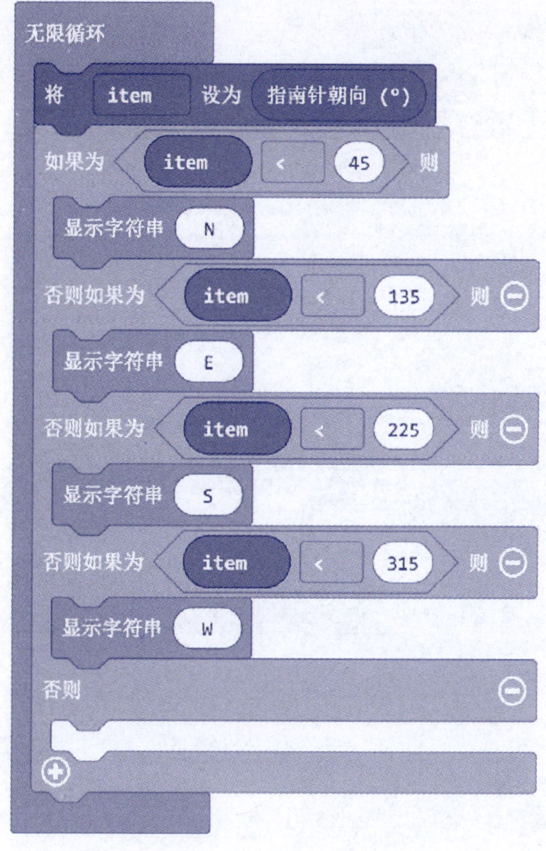

图 2-29 编程步骤

第六步：否则显示 N（北方），如图 2-30 所示：

图 2－30　编程步骤

五、本课的参考代码（图 2-31）

图 2-31 参考代码

六、提升训练

请根据本课所学知识，结合自己的观察，完成下列练习：

制作一个能显示 8 个方向的指南针。

七、思考题

我们制作的四个方向的指南针，当角度处于小于 45 度或大于 315 度时，指的方向是正北吗？

罗盘和指南针

罗盘与指南针很相似，因此有很多人误把罗盘当做指南针。当然罗盘是在指南针的基础上发展的，所以，可以说罗盘与指南针是一对兄弟。

罗盘，又叫罗经仪，主要由位于盘中央的磁针和一系列同心圆圈组成，每一个圆圈都代表着中国古人对于宇宙大系统中某一个层次信息的理解。

指南针又称指北针，主要组成部分是一根装在轴上的磁针，磁针在天然地磁场的作用下可以自由转动并保持在磁子午线的切线方向上。磁针的北极指向地理位置的南极，利用这一性能可以辨别方向。物理上指示方向的指南针由三部件组成，分别是司南、罗盘和磁针，均属于中国的发明。

在中国古代，指南针起先应用于祭祀、礼仪、军事、占卜与看风水时确定方位。

11 世纪末、12 世纪初，中国船舶开始使用指南针导航。指南针应用在航海上，是全天候的导航工具，弥补了天文导航、地文导航之不足，开创了航海史的新纪元。

罗盘的功能要比指南针多。指南针只能用来判断方向，罗盘还有测量倾角、倾向等用途。中国古代罗盘有沿海型和内地型之分。沿海型生产地为福建漳州和广东兴宁，用于航海指向。内地型主产地为万安，用于测定房屋建筑和墓葬的方位及平面布局，史称“徽盘”。

第3章

操控键和声音的应用

导语 操控键和声音的介绍

本章将使用硬件组自带的控制键和蜂鸣器，来进行相关编程学习。

蜂鸣器：是一种一体化结构的电子讯响器，采用直流电压供电，广泛应用于计算机、打印机、复印机、报警器、电子玩具、汽车电子设备、电话机、定时器等电子产品中，作为发声器件。蜂鸣器主要分为压电式蜂鸣器和电磁式蜂鸣器两种类型。蜂鸣器在电路中用字母“H”或“HA”（旧标准用“FM”“ZZG”“LB”“JD”等）表示。

第 3.1 课　手动计数器

计数是一个重复加（或减）1 的数学行为，也称为数数。在我国的远古时期，人们已经开始以结绳计数的方法来记录和计算数字。到了春秋战国时期，算筹已经被广泛使用。算筹是一根根同样长短和粗细的小棍子，多用竹子制成，大约二百七十几枚为一束，放在一个布袋里。需要记数和计算的时候，就把它们取出来，放在桌上、炕上或地上进行摆弄。算筹在世界数学史上是一个伟大的创造。科技发展迅速的今天，人们已经不再使用算筹进行计算，而是使用计数器。今天就让我们一起来制作一个简单的手动计数器吧！

一、本课所需的硬件

硬件：核心板、便携式扩展板或转接板。

功能使用：核心板上的芯片，便携式扩展板或转接板上的 LED 矩阵，按键 A 和按键 B。

二、本课所需的程序模块（表 3-1）

表 3-1 所需程序模块

序号	程序模块组	程序模块图标	程序模块功能
1	基本	当开机时	“当开机时”是一个特殊事件，相当于编程逻辑中的“开始”，它在程序运行时处在所有其他事件之前。使用该事件来初始化程序。
2	基本	显示数字 0	在 LED 屏幕上显示一个数字。如果有一个以上的数字，它就会向左滚动。
3	输入	当按钮 A 被按下时	当按下再松开按钮（A、B 或同时按下 A+B）时执行操作。
4	变量	以 1 为幅度更改 item	以某个幅度更改某个变量的值。
5	变量	将 item 设为 0	将 item 设置变量为某事物或项目。

三、本课涉及的编程逻辑

第一环节： 初始设置，将数值归零。

创建一个变量 item，将变量的初始显示值设置为 0。如图 3-1：

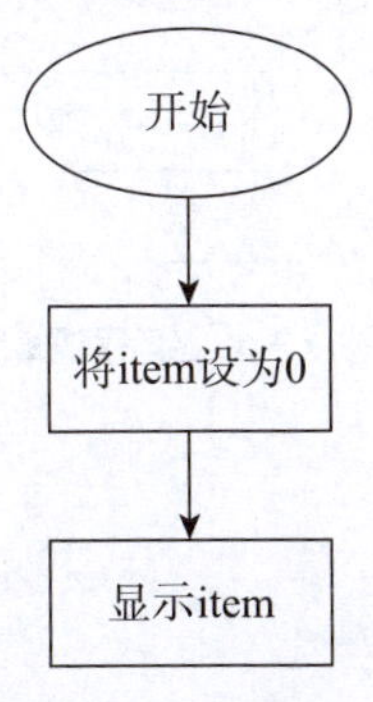

图 3-1 编程逻辑

第二环节： 设置按键增加。

按 A 键，分数以 1 幅度增加，LED 矩阵显示分数，程序无限循环。如图 3–2：

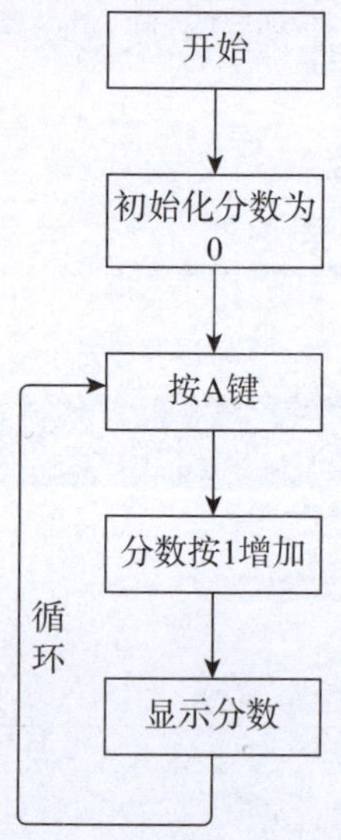

图 3 – 2　编程逻辑

第三环节： 设置按键减少。

按 B 键，分数以 1 幅度减少，LED 矩阵显示分数，程序无限循环。如图 3–3：

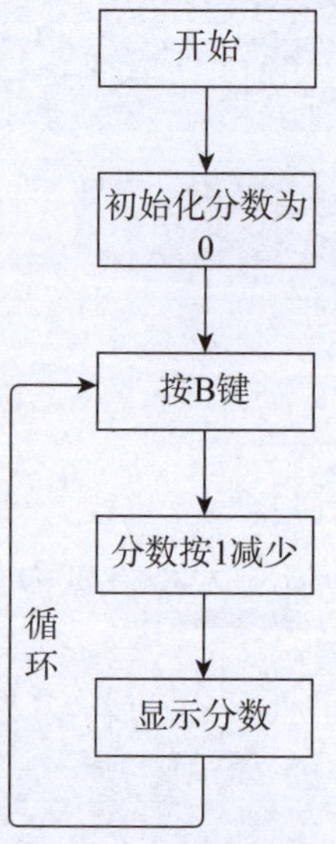

图 3 – 3　编程逻辑

四、本课实施的编程步骤

第一步： 初始设置，将数值归零。

创建一个变量 item，设置变量的初始数字为 0。如图 3–4 所示：

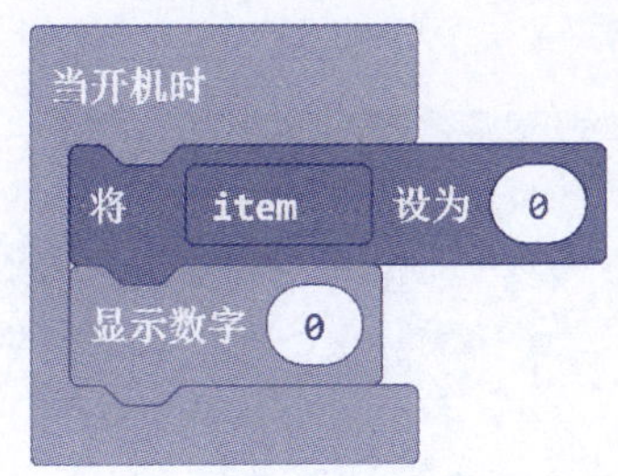

图 3－4　编程步骤

第二步： 设置按键增加。

设置 A 键。当按 A 键时，以幅度 1 增加，显示 item 的数字。如图 3–5 所示：

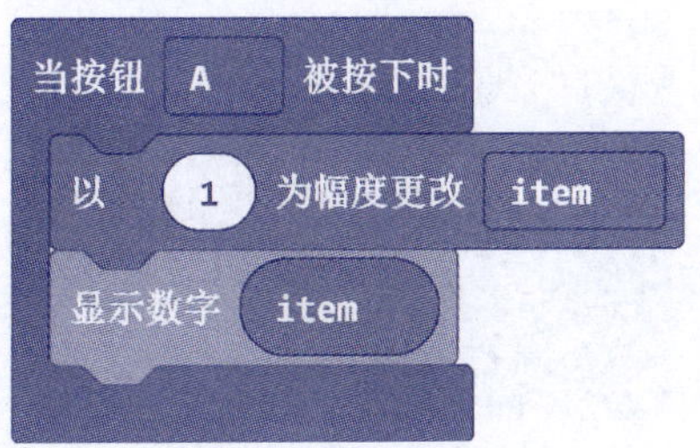

图 3－5　编程步骤

第三步： 设置按键减少。

设置 B 键。当按 B 键时，以幅度 1 减少，显示 item 的数字。如图 3–6 所示：

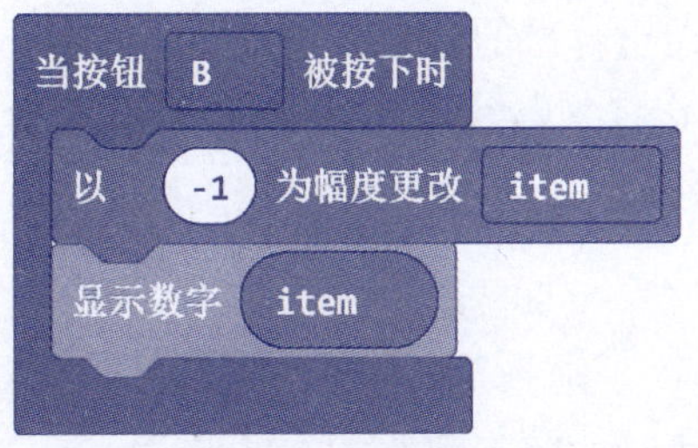

图 3－6　编程步骤

五、本课的参考代码

1. 初始设置，将数值归零。如图 3–7：

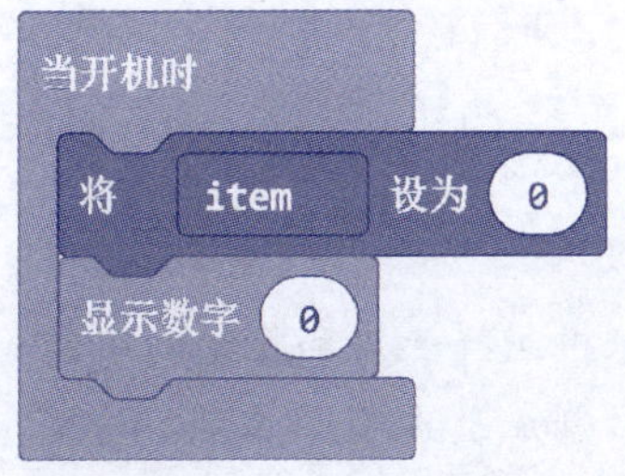

图 3－7　参考代码

2. 设置按键增加。如图 3-8：

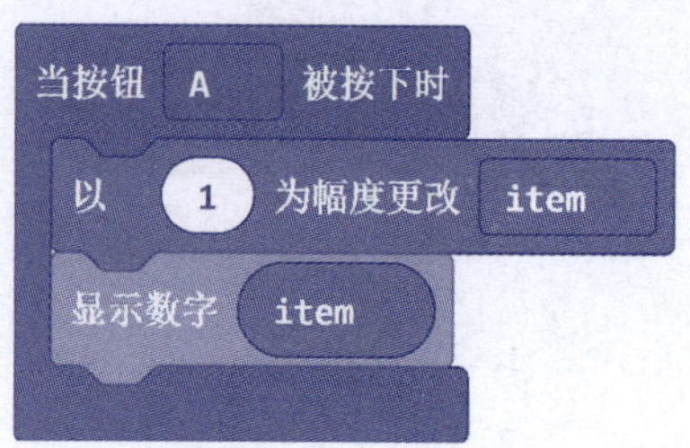

图 3-8　参考代码

3. 设置按键减少。如图 3-9：

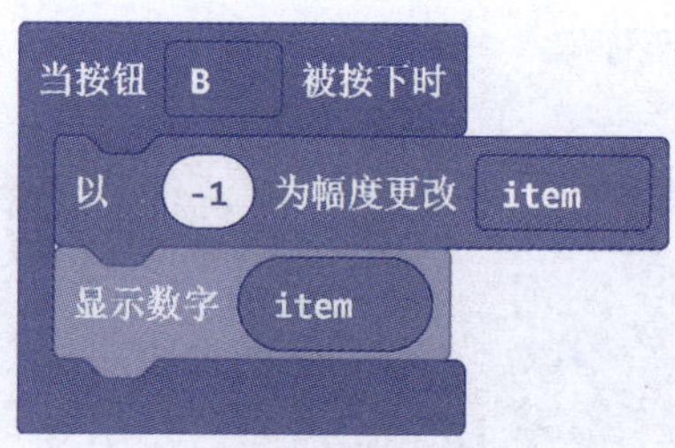

图 3-9　参考代码

六、提升训练

请根据本课所学知识，结合自己的观察，完成下列练习：

设初始值为 1，按 A 键以 3 为幅度增加，按 B 键以 1 为幅度增加，按 A+B 键求和，当数字累加到 10 时，发出警报声音。

七、思考题

怎样设置手动计数器的按键按照不同的幅度进行增减？

算筹

古代的算筹实际上是一根根同样长短和粗细的小棍子，一般长为 13cm~14cm，直径为 0.2cm~0.3cm，多用竹子制成，也有用木头、兽骨、象牙、金属等材料制成的。大约二百七十几枚为一束，放在一个布袋里，系在腰部随身携带。需要记数和计算的时候，就把它们取出来，放在桌上、炕上或地上使用。别看这些都是一根根不起眼的小棍子，在中国数学史上它们却是立有大功的。

在算筹计数法中，以纵横两种排列方式来表示单位数目，其中 1~5 均分别以纵横方式排列相应数目的算筹来表示，6~9 则以上面的算筹再加下面相应的算筹来表示。表示多位数时，个位用纵式，十位用横式，百位用纵式，千位用横式，以此类推，遇零则置空。这种计数法遵循一百进位制。据《孙子算经》记载，算筹记数法则是：凡算之法，先识其位，一纵十横，百立千僵，千十相望，万百相当。《夏阳侯算经》说：“满六以上，五在上方，六不积算，五不单张”。

那么为什么又要有纵式和横式两种不同的摆法呢？这就是因为十进位制的需要。所谓十进位制，又称十进位值制，包含有两方面的含义。其一是“十进制”，即每满十数进一个单位，十个一进为十，十个十进为百，十个百进为千……其二是“位值制”，即每个数码所表示的数值，不仅取决于这个数码本身，而且取决于它在记数中所处的位置。如同样是一个数码“2”，放在个位上表示 2，放在十位上就表示 20，放在百位上就表示 200，放在千位上就表示 2000……在我国商代的文字记数系统中，就已经有了十进位值制的萌芽，到了算筹记数和运算时，就更是标准的十进位值制了。

第 3.2 课　声波频率测试器

蝙蝠是一种白天憩息、夜间外出觅食的哺乳动物。它们居住在各类大、小山洞里，甚至古建筑物的缝隙、天花板、隔墙以及树洞等。蝙蝠与其他的哺乳动物捕食的方式很不一样。它们依靠声波进行捕食。它们能发出人类听不见的声波——超声波，依靠超声波寻找食物和探路。

我们人能听到的声波频率范围为 20Hz~20000Hz（即每秒震动 20 次 ~20000 次），频率超过 20000Hz 的波就称为超声波。想要检测一下声波的频率吗？让我们一起来探索声波世界的奥秘吧！

一、本课所需的硬件

硬件：核心板、便携式扩展板。

功能使用：核心板上的芯片，便携式扩展板上的 LED 矩阵和蜂鸣器。

二、本课所需的程序模块（表 3-2）

表 3-2 所需程序模块

序号	程序模块组	程序模块图标	程序模块功能
1	基本	当开机时	“当开机时”是一个特殊事件，相当于编程逻辑中的“开始”，它在程序运行时处在所有其他事件之前。使用该事件来初始化程序。
2	基本	显示数字 0	在 LED 屏幕上显示一个数字。如果有一个以上的数字，它就会向左滚动。
3	基本	无限循环	“无限循环”命令启动后，程序不停地运行代码。
4	基本	清空屏幕	将屏幕显示的内容清空，准备显示下一个内容。
5	基本	暂停 (ms) 100	暂停程序，时长为设置的毫秒数。
6	输入	当按钮 A 被按下时	当按下再松开按钮（A、B 或同时按下 A+B）时执行操作。
7	音乐	播放音调 中 C 持续 1 节拍 节拍	按指定的音调和节拍播放声音。
8	逻辑	true	判断某些语句为真。
9	逻辑	false	判断某些语句为假。
10	逻辑	与	只有两个条件都为真结果为真（true）。
11	逻辑	0 < 0	当输入值或变量前者小于后者时，结果为真（true）。
12	变量	将 item 设为 0	将 item 设置变量为某事物或项目。

13	变量	以 1 为幅度更改 item ▾	以某个幅度更改某个变量的值。
14	变量	item ▾	设置变量为任何事物或项目。

三、本课涉及的编程逻辑

本课的核心逻辑是通过指令让蜂鸣器以不同的频率发声。设置声波的初始频率为 10000Hz，每按一次 A 键，声波频率就会增加 500Hz，蜂鸣器发出的声音就会越来越小，当人听不到声音时，按 B 键，LED 矩阵会显示当前的声波频率。

第一环节： 设置初始振动频率。

创建变量 Hz（赫兹），设置初始的声音频率为 10000Hz；创建变量 start（开始），程序还没有开始，所以设置为假（false）。如图 3-10。

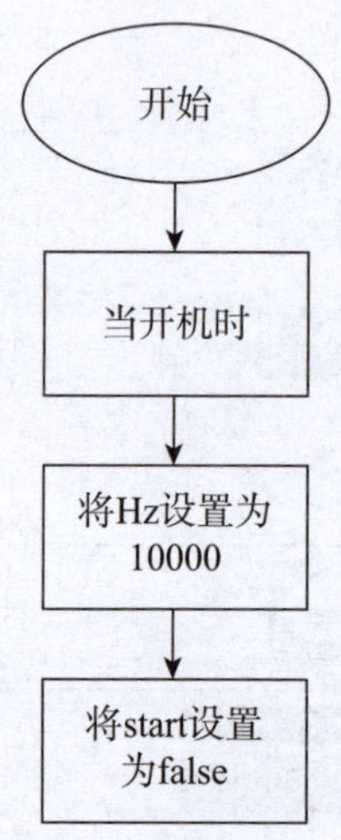

图 3 - 10　编程逻辑

第二环节： 设置程序继续执行环节。

设置按 A 键，变量 start 变为真（true），程序开始运行。如图 3-11。

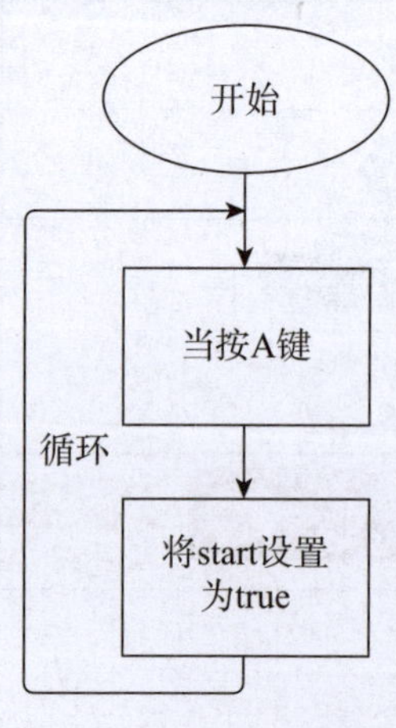

图 3 - 11　编程逻辑

第三环节： 设置程序终止环节。

设置按 B 键，变量 start 为假（false），程序停止运行。如图 3–12。

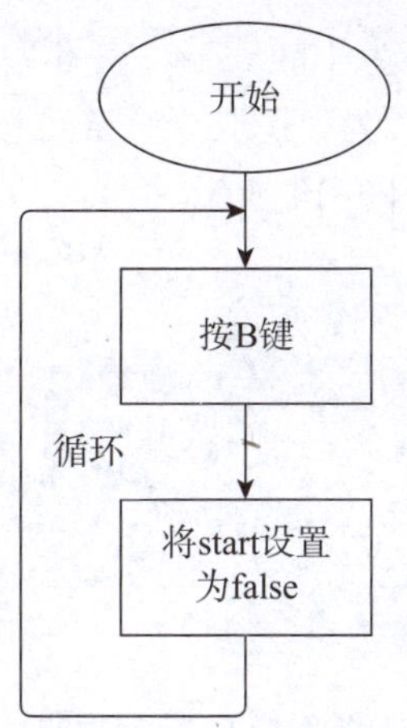

图 3 – 12 编程逻辑

第四环节： 判断和执行环节。

开机时，初始声音频率设定为 10000Hz，按 A 键，声音频率以 500Hz/ 次进行增加并再次播放声音；当声音频率大于某一频率时，人听不到声音[①]，程序中止，LED 矩阵显示当前声音频率；然后将声音频率初始化返回 10000Hz，从而使程序可以无限循环。如图 3–13。

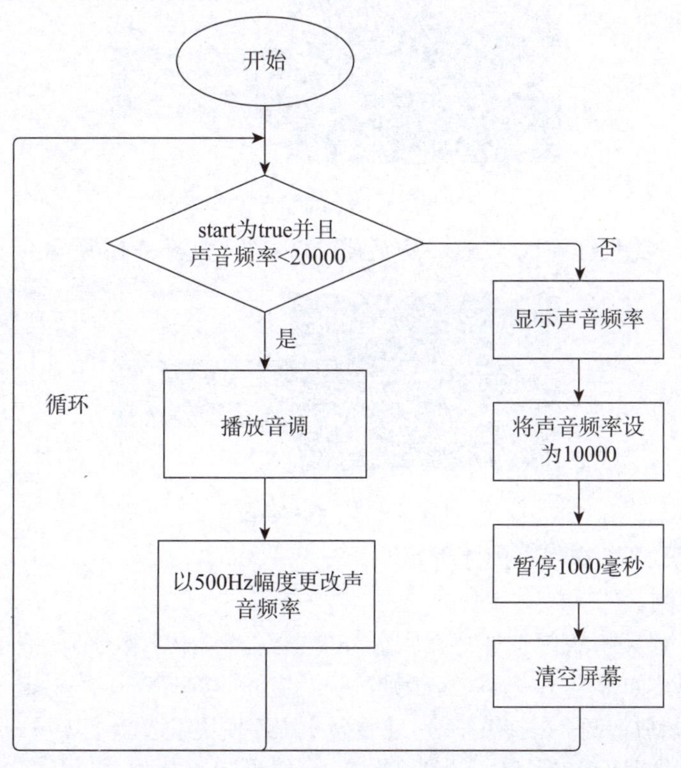

图 3 – 13 编程逻辑

① 每个人的听力频率上限是有差异的。

四、本课实施的编程步骤

第一环节： 设置初始震动频率。

当开机时设置初始化声音频率为 10000Hz。在【基本】程序模块组选择“当开机时”，【变量】程序模块组选择“将……设为……”，将“itme”分别设置为“Hz”和“start”，【逻辑】程序模块组选择“false”。如图 3–14 所示。

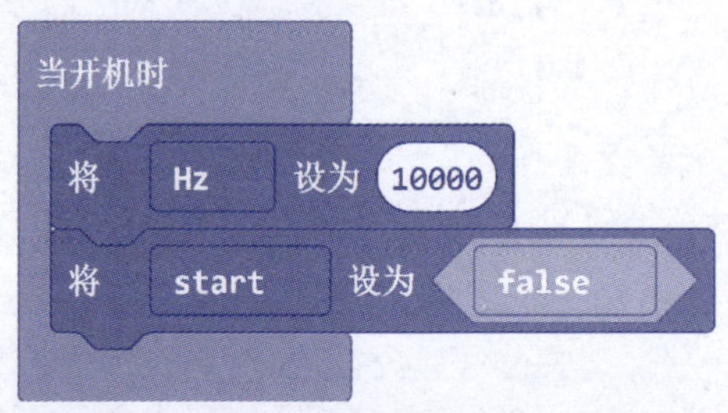

图 3 - 14　编程步骤

第二、三环节： 设置程序继续执行及中止环节。

设置按键 A。在【输入】程序模块组选择“当按钮被按下时”，在【变量】程序模块组选择“将……设为……”，变量设为 start，【逻辑】程序模块组选择“true”。如图 3–15 所示。

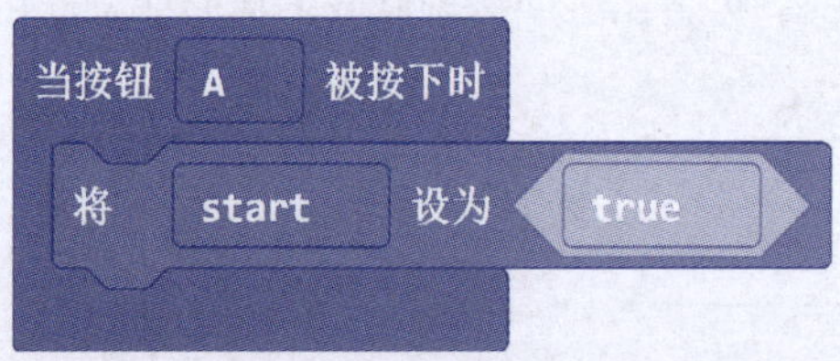

图 3 - 15　编程步骤

设置按键 B。将程序模块“true”更换成“false”。如图 3–16 所示。

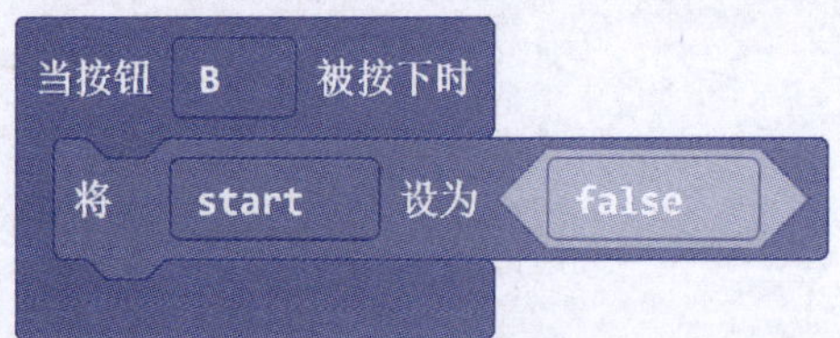

图 3 - 16　编程步骤

第四环节： 判断和程序执行环节。

声音频率检测。

在【基本】程序模块组选择“无限循环”“暂停”“显示数字”“清空屏幕”，【逻辑】程序模块组选择“如果为……则……否则……”“……与……”“……<……”，【音乐】程序模块组选择“播放音调……持续……”，【变量】程序模块组选择“以……为幅度更改……”，将变量“item”分别设置为“Hz”和“start”；如果为 start 与 Hz 小于 20000，播放该频率下音调 1 节拍，然后以 500Hz 的幅度增加，每次音调播放后暂停 1000 毫秒；如果大

于 20000Hz，显示当前声音频率，暂停 1000 毫秒清空屏幕，然后将声音频率初始化为 10000Hz，重新显示频率数字；程序无限循环。如图 3–17 所示：

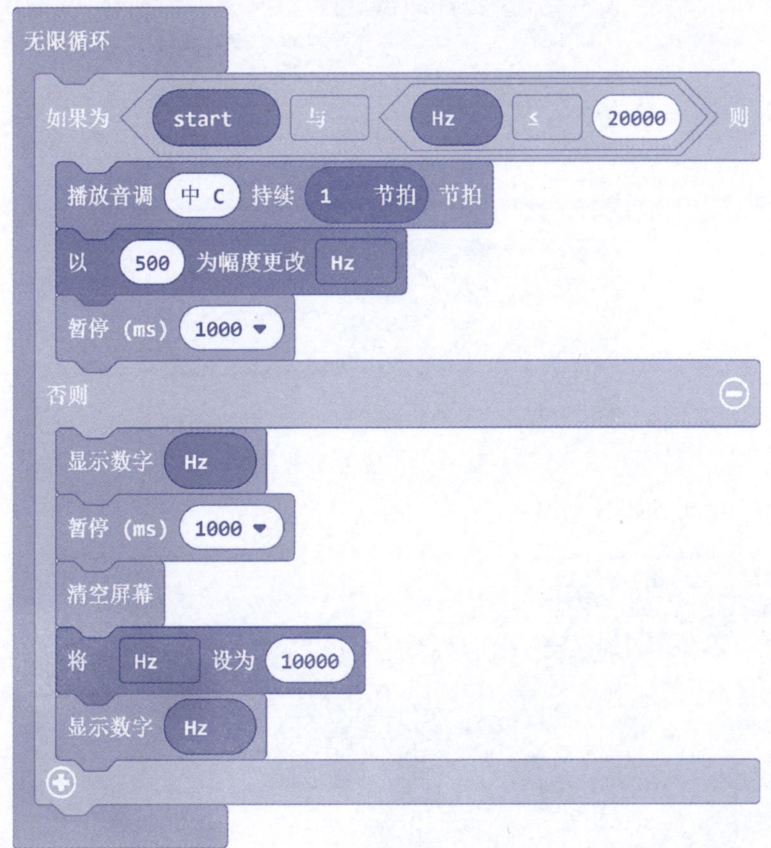

图 3 – 17　编程步骤

五、本课的参考代码

1. 当开机时，如图 3–18。

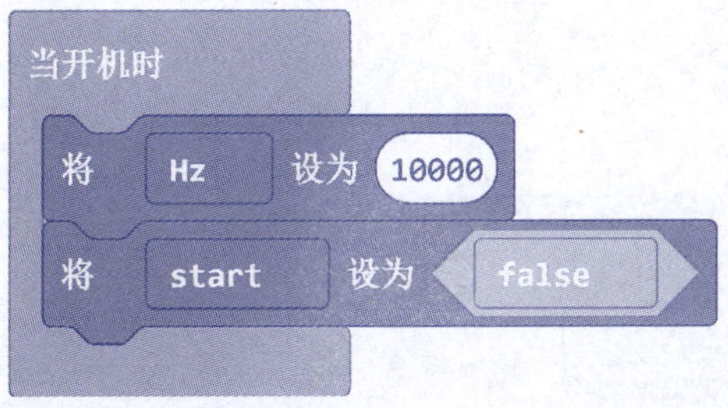

图 3 – 18　参考代码

2. 设置按键 A、B，如图 3-19 和 3-20。

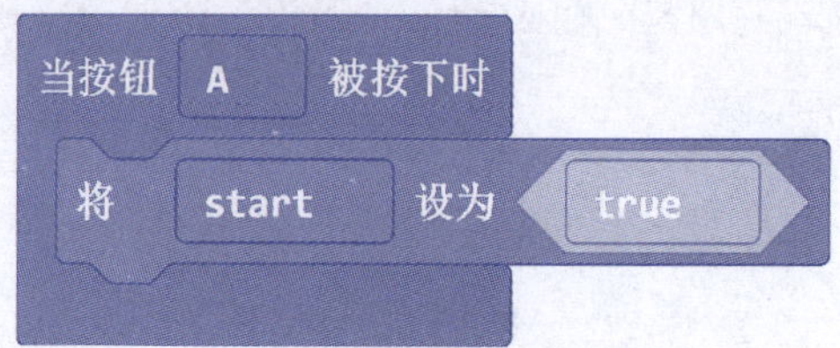

图 3 - 19　参考代码

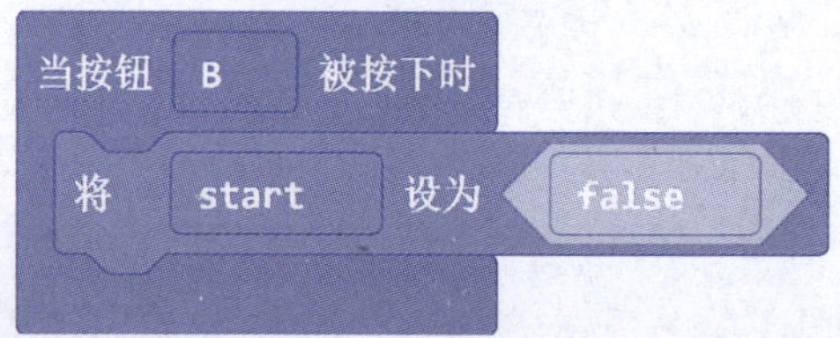

图 3 - 20　参考代码

3. 声音频率检测，如图 3-21。

图 3 - 21　参考代码

六、提升训练

请根据本课所学知识，结合自己的观察，完成下列练习：

如何将声波频率测试器上的 B 键功能改为每按一次，声音频率减少 500Hz？

七、思考题

如何用声波频率测试器播放一段简单的旋律？

超声波和次声波

超声波

振动频率大于 20000Hz 以上，超出了人耳听觉的一般上限（20000Hz），人们将这种听不见的声波叫做超声波。超声波的特点是功率大，可以用来切削、焊接、钻孔等。超声波频率高，波长短，衍射不严重，具有良好的定向性，工业与医学上常用超声波进行超声探测。

次声波

频率小于 20Hz 的声波叫做次声波。次声波不容易衰减，不易被水和空气吸收。次声波的波长往往很长，因此能绕开某些大型障碍物发生衍射。某些频率的次声波由于和人体器官的振动频率相近甚至相同，容易和人体器官产生共振，对人体有很强的伤害性，甚至可致人死亡。

次声波具有极强的穿透力，不仅可以穿透大气、海水、土壤，而且还能穿透坚固的钢筋水泥构成的建筑物，甚至连坦克、军舰、潜艇和飞机都不在话下。次声波的传播速度和可闻声波相同。由于次声波频率很低，大气对其吸收甚小，当次声波传播几千千米时，其吸收还不到万分之几，所以它传播的距离较远，能传到几千米至十几万千米以外。次声波如果和周围物体发生共振，能放出相当大的能量。如 4Hz~8Hz 的次声能在人的腹腔里产生共振，可使心脏出现强烈共振和肺壁受损。

第 3.3 课　躲避球游戏

躲避球是一款快节奏的真人游戏，规则简单，玩起来紧张刺激，是速度与速度的较量，反应与反应的碰撞。只要参与人员与球相撞，游戏就结束了。如何用程序来模拟一下这个游戏呢？让我们一起来发明一款智能躲避球游戏的设备吧！

一、本课所需的硬件

硬件：核心板、便携式扩展板或转接板。

功能使用：核心板上的芯片，便携式扩展板或转接板上的 LED 矩阵，按键 A 和按键 B。

二、本课所需的程序模块（表 3-3）

表 3-3　　所需程序模块

序号	程序模块组	程序模块图标	程序模块功能
1	基本	当开机时	“当开机时”是一个特殊事件，相当于编辑逻辑中的“开始”，它在程序运行时处在所有其他事件之前。使用该事件来初始化程序。
2	基本	显示数字 0	在 LED 屏幕上显示一个数字。如果有一个以上的数字，它就会向左滚动。
3	基本	无限循环	“无限循环”命令启动后，程序不停地运行代码。
4	基本	显示字符串 "Hello!"	在 LED 屏幕上显示一个字母，如果有一个以上的字母，就会向左滚动。
5	基本	暂停（ms） 100	暂停程序，时长为设置的毫秒数
6	游戏	sprite x	设置精灵的 x/y 轴。
7	游戏	sprite 设置 x 为 0	设置精灵在 x/y 轴的位置。
8	游戏	sprite 碰到 ?	当精灵与某个条件或变量碰撞或接触时，执行下列语句。
9	游戏	创建精灵，x: 2 y: 2	在 x 轴和 y 轴的指定位置创建精灵（即游戏人物）。
10	游戏	将分数更改 1	改变分数，幅度为指定值。
11	游戏	游戏结束	游戏结束。
12	变量	将 item 设为 0	将 item 设置变量为某事物或项目。
13	逻辑	0 < 0	当输入值或变量前者小于后者时，结果为真（true）。

三、本课涉及的编程逻辑

本课的核心逻辑：游戏中有两个小球。一个可以被控制左右移动，是进行躲避的球；另一个小球是随机出现、自由下落的进攻球。当两个小球碰撞到一起时，游戏结束；没有碰到一起时，游戏继续。

1. 设置躲避和进攻的小球。

创建变量分数，初始分数为 0；创建变量玩家躲避球，固定位置（先出现在最下排中间位置）；创建变量小球（进攻球），初始位置随机出现，但在最上排。如图 3–22。

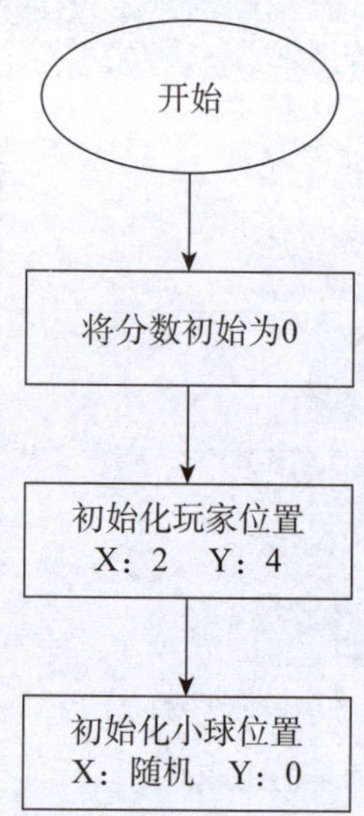

图 3－22　编程逻辑

2. 设置按下 A/B 键后的控制能力。

按 A 键，玩家向左移动一格。如图 3–23。

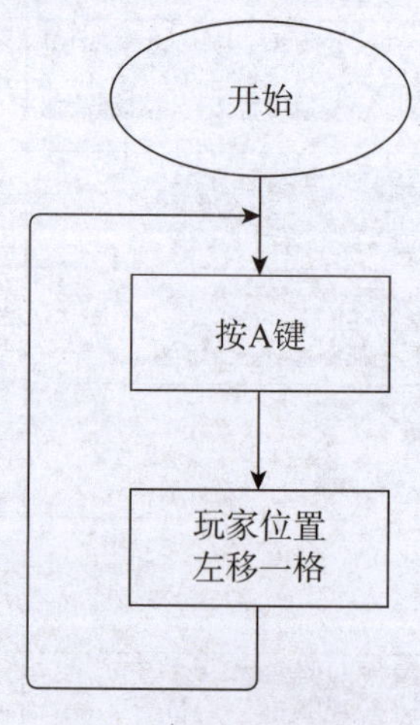

图 3－23　编程逻辑

按 B 键，玩家向右移动一格。如图 3-24。

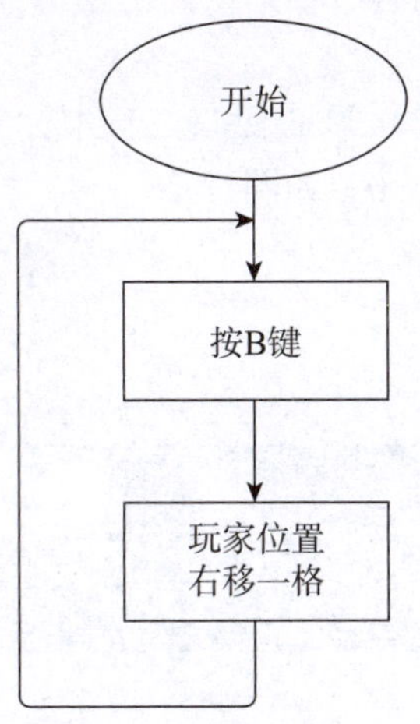

图 3-24 编程逻辑

3. 确定得分条件和游戏中止条件。

如果小球下落的位置小于 4，小球向下移动一格；如果不是，玩家分数增加 1 并且小球重新回第一排随机下落。当小球下落的位置与玩家位置相同时，游戏结束。如图 3-25。

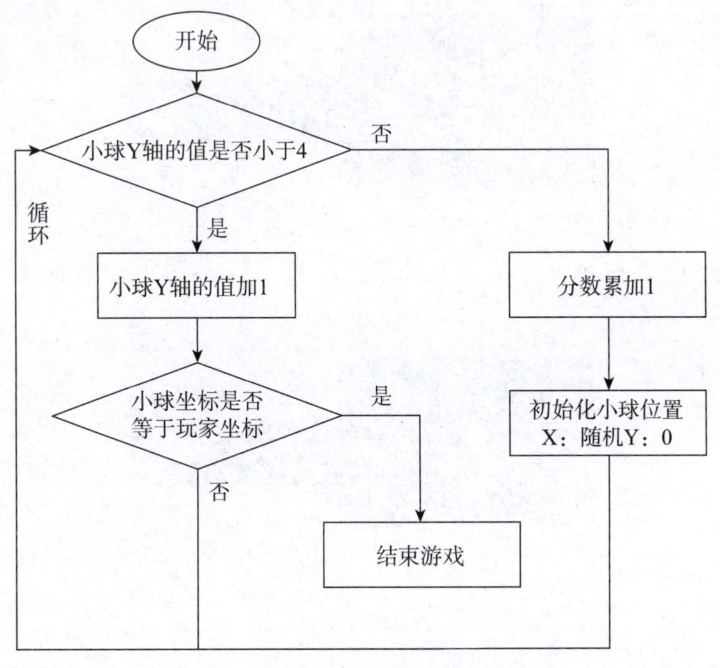

图 3-25 编程逻辑

四、本课实施的编程步骤

1. 设置自由下落的小球。

开始将分数初始化为 0，设置玩家的初始位置坐标为 X：2，Y：4，小球下落前的初始位置 X：为 0—4 的随机数，Y：0。如图 3–26。

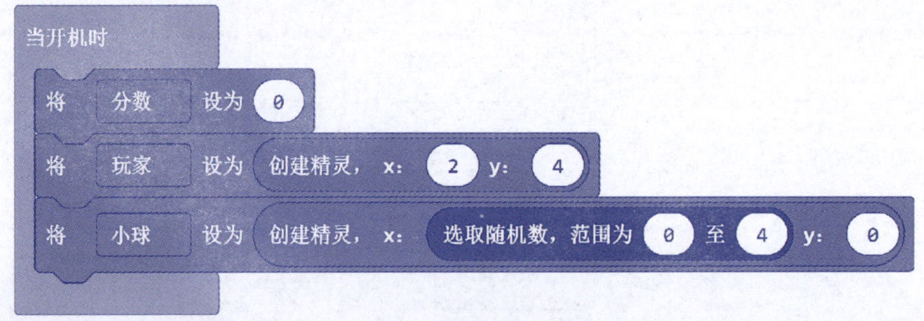

图 3 - 26　编程步骤

2. 设置按下 A/B 键后的控制。

第一步： 设置按键 A。按下按钮 A，玩家（躲避球）位置向左移动一格（横轴为 X 轴，从左到右是 0—4，纵轴为 Y 轴，从上到下是 0—4）。如图 3–27。

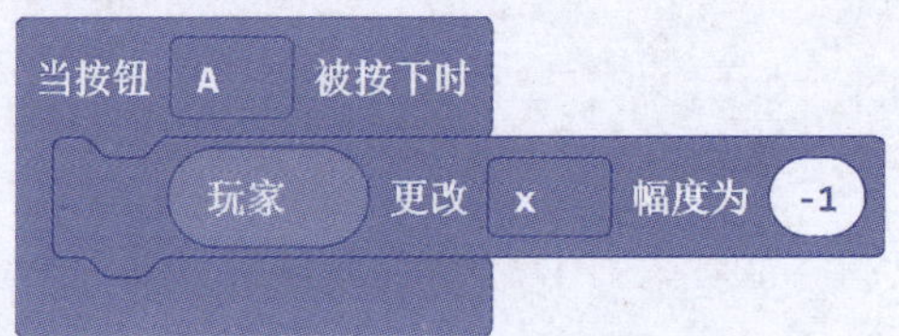

图 3 - 27　编程步骤

第二步： 设置按键 B。按下按钮 B，玩家（躲避球）位置向右移动一格。如图 3–28。

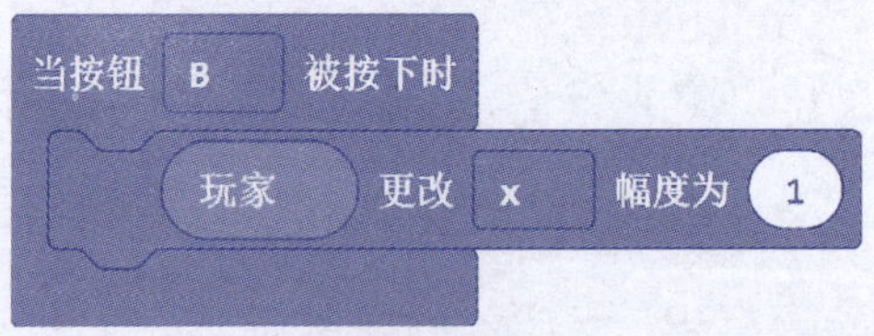

图 3 - 28　编程步骤

3. 确定得分条件和游戏中止条件。

第一步： 如果小球（进攻球）在 Y 轴的位置小于 4，小球继续向下移动一格；如果小球在 Y 轴的位置不小于 4，且不与玩家在同一个位置，玩家得分为加 1，小球再次从第一行随机选列下落。X 轴坐标 0—4 的随机数。如图 3-29。

图 3-29 编程步骤

第二步： 如果玩家与小球相碰，显示 OVER 和分数，游戏结束。如图 3-30。

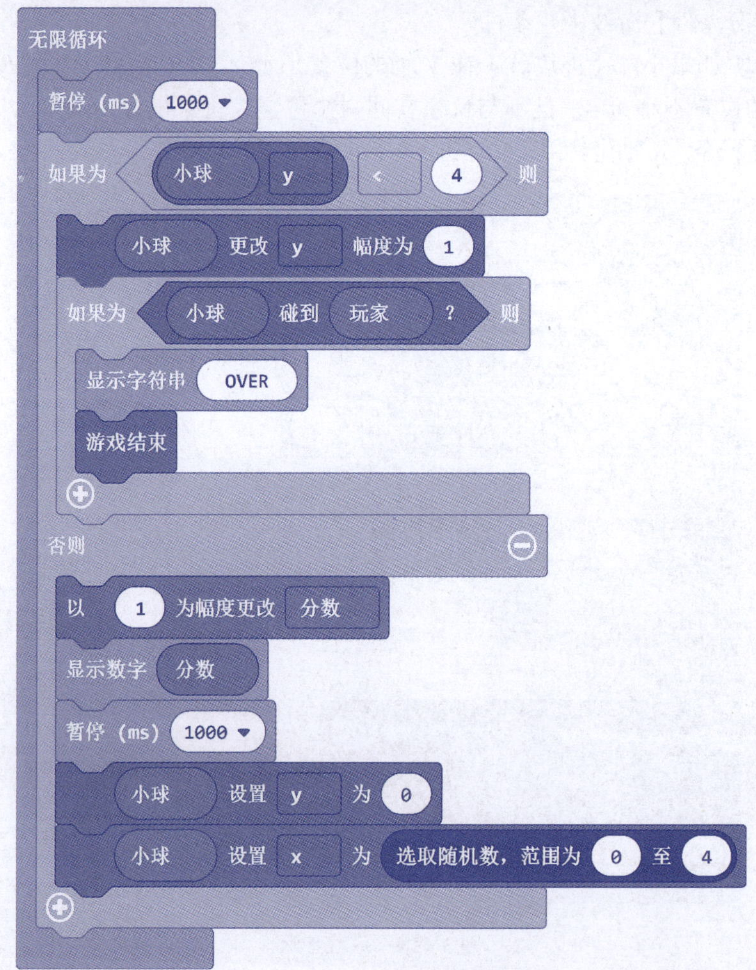

图 3－30 编程步骤

五、本课的参考代码

1. 控制随机自由下落小球。如图 3-31。

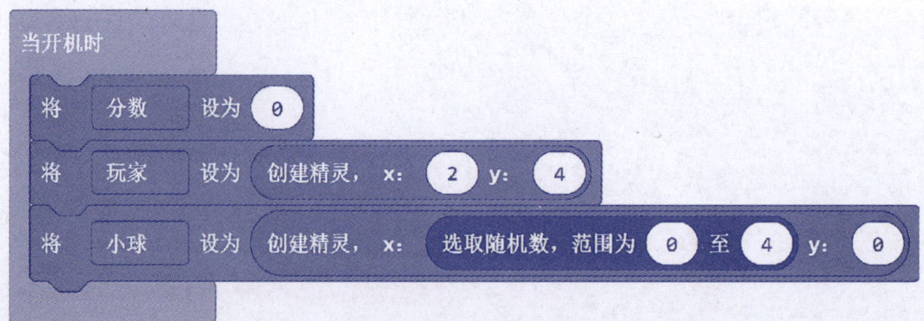

图 3－31 参考代码

2. 控制 A、B 键。如图 3-32 和 3-33。

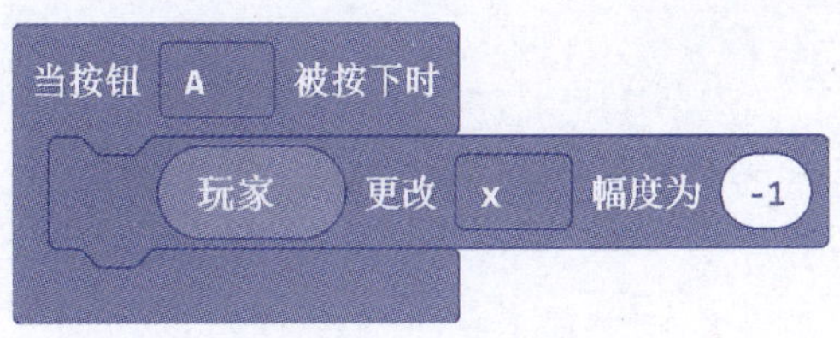

图 3-32 参考代码

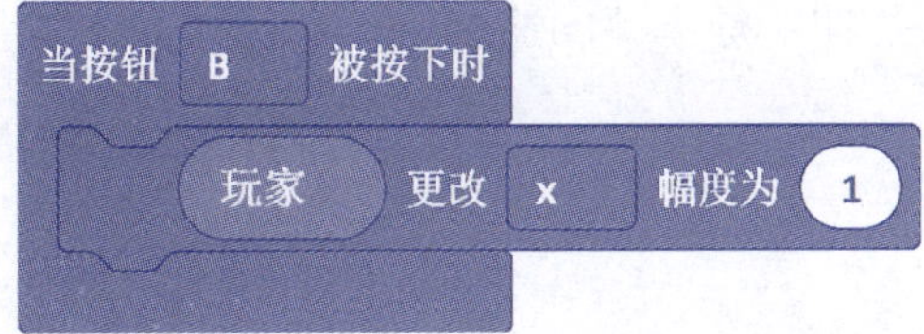

图 3-33 参考代码

3. 判断游戏得分和游戏结束。如图 3–34。

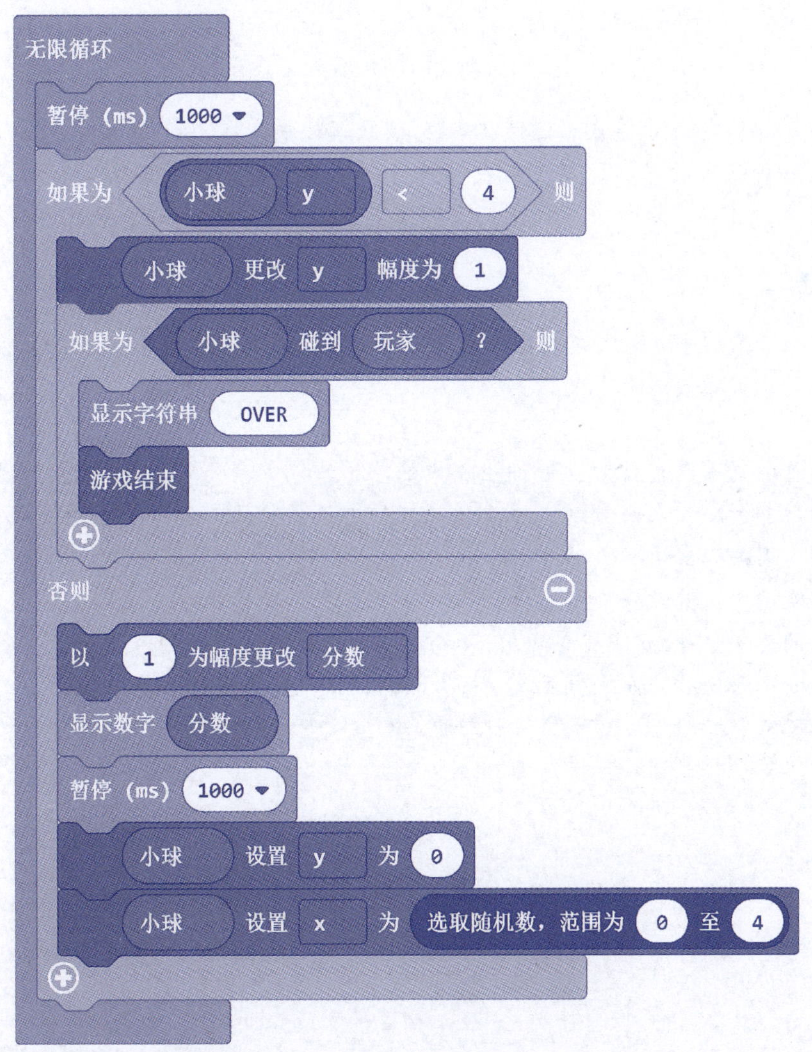

图 3-34 参考代码

六、提升训练

请根据本课所学知识，结合自己的观察，完成下列练习：
用程序模块设计带有音乐的躲避球游戏。

七、思考题

躲避球游戏中，如何加快小球下落的速度？

躲避球游戏

躲避球游戏起源于英国，随着欧洲人移民新大陆，在1900年左右开始在美国盛行。它是一种新兴的球类运动。在我国政府广泛开展的各种新兴球类的体育项目中，就有躲避球的身影。躲避球游戏在我国得到了长足发展，在各地已经有许多躲避球的球队和俱乐部。

游戏规则：

1. 每队5名选手，一队选手站在场地（自由指定大小和形状，可为方形，也可为圆形。面积越小，难度越大）的内侧，另一队选手站在场地的外侧。场外的选手不得进入场内。

2. 场外的选手是进攻方，他们用手中的球（沙包）向场内的选手进攻，场内的选手则作为防守的一方。场内的选手身体的任何部位若被球（沙包）击中或跳出了场地的边界线，则被判出局。

3. 比赛的方式为攻守交替。赛前双方队长进行抛硬币猜字，决定先进攻方。比赛进攻的时间为2分钟，攻守交替两次，两轮比赛后场内累计剩下的人数为防守方的得分，以得分高的一队为胜。如果出现双方得分相同的情况，则进行加赛一场。

第4章

引脚的扩展应用

导语 引脚的扩展应用介绍

本章讲述硬件自带引脚（俗称金手指）配合外接装置进行相关编程训练。

引脚：又叫管脚，英文叫 Pin。就是从集成电路（芯片）内部引出与外围电路的接线，因此，引脚就构成了芯片的接口。便携式扩展板有 20 个引脚位置，编号为 P1~P20，但其中带白点标记 的 6 个（P3、P4、P6、P7、P9、P10）不可用。另加一个 GND（地线）和一个 3V 电源接口。注意在使用引脚时，读取或者写入的引脚数字状态 0 表示低电平，不通电；1 表示高电平，通电（电子电路中高电平是电压高的状态，一般记为 1，低电平是电压低的状态，一般记为 0。）。

第 4.1 课　智能报警保险箱

随着科技的进步，报警器已经悄然走入我们的生活中，甚至随处可见。它用声音、光、气压等形式来提醒或者警示我们。例如我们用密码开锁，当我们提供的密码正确或错误时，报警器都会给我们一定的提示。你想拥有这样的报警保险箱吗？

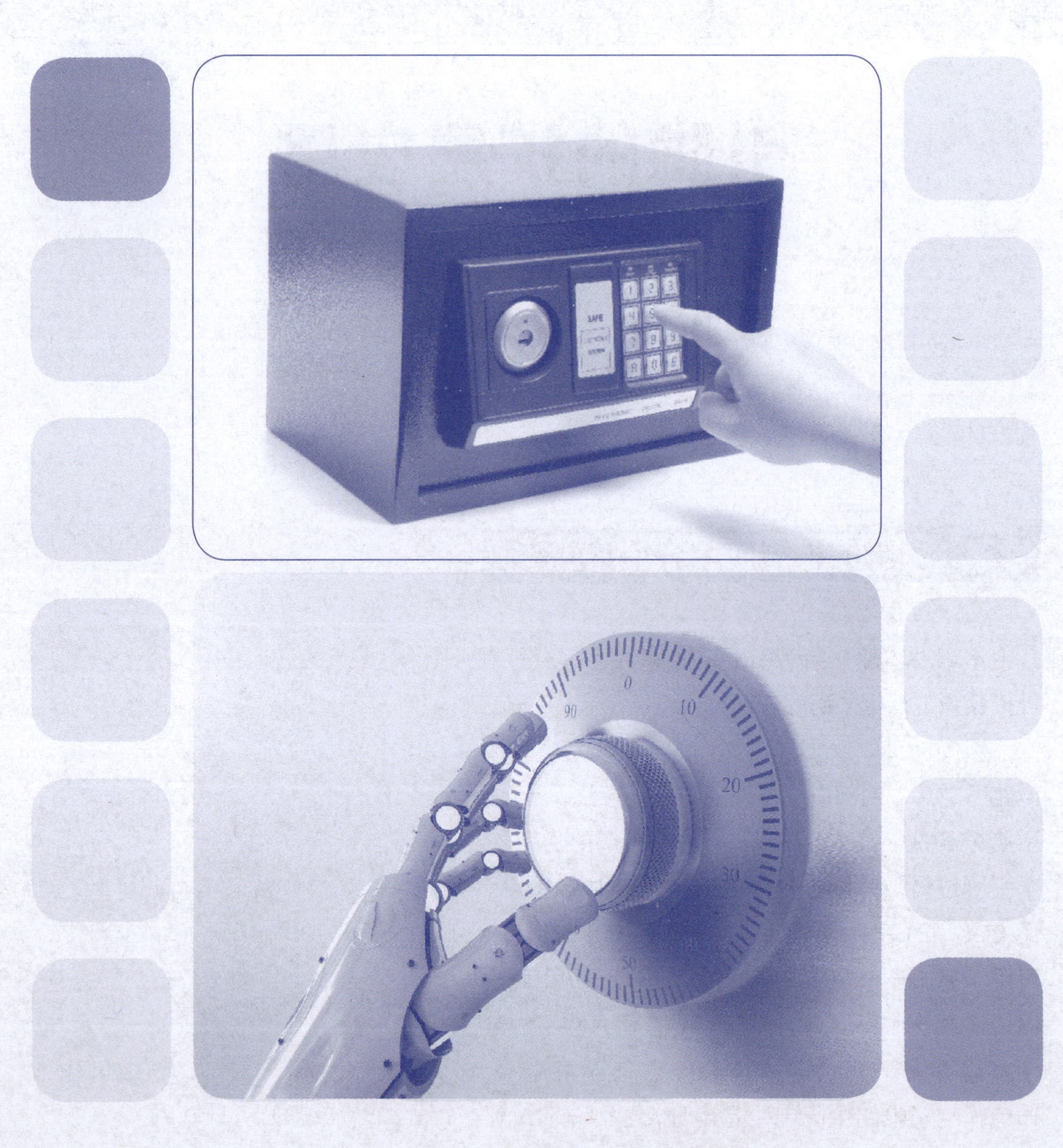

一、本课所需的硬件

硬件：核心板、便携式扩展板、杜邦线（另配，详情可登录 www.siwt. 中国和 www.bitlogic.cn 查看）。

功能使用：核心板上的芯片，便携式扩展板上的 LED 矩阵和引脚 P1。

二、本课所需的程序模块（表 4–1）

表 4–1　所需程序模块

序号	程序模块组	程序模块图标	程序模块功能
1	基本	无限循环	"无限循环"命令启动后，程序不停地运行代码。
2	基本	显示图标	在 LED 屏幕上显示选定的图形。
3	逻辑	0 < 0	当输入值或变量前者小于后者时，结果为真（true）。
4	逻辑	如果为 true 则	如果值或条件为真（true），执行则中的代码。
5	引脚	数字读取引脚 P0	读取指定的引脚值（为 0 或 1）。
6	音乐	播放音调 中 C 持续 1 节拍 节拍	按指定的音调和节拍播放声音。

三、本课涉及的编程逻辑

原理：通过引脚（密码箱门连接处）的通电与否来判断密码是否正确。

开机时，设置引脚 P1，当引脚 P1=1 时，通电，执行命令显示 √；引脚 P1≠1 时，不通电，显示 ×，报警器报警（注：任意一个被读取的引脚设置等于 0 或 1 时通电，其他数字不通电）。如图 4–1。

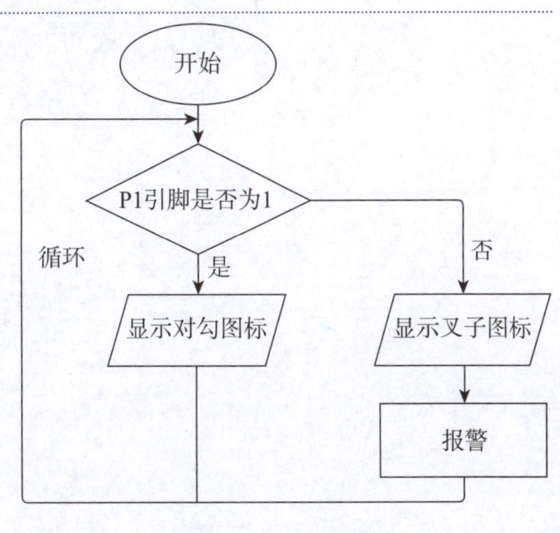

图 4－1　编程逻辑

四、本课所需的编程步骤

第一步： 将“无限循环”“如果为……则”“两数比”“数字读取引脚”进行组合，并设置 P1 引脚等于 1。如图 4-2 所示：

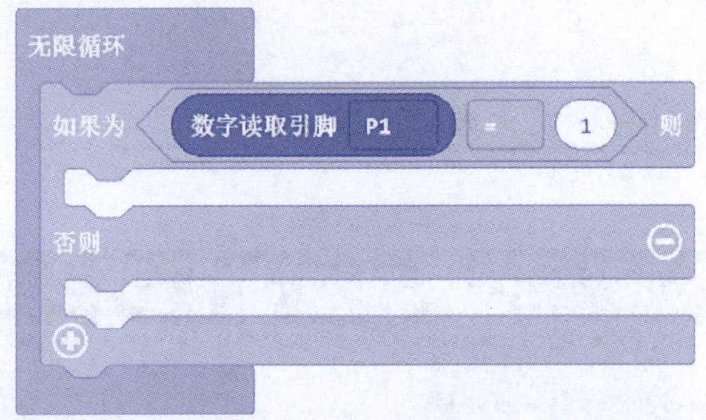

图 4－2　编程步骤

第二步： 如果 P1 引脚接通（P1=1）执行 LED 显示对勾图标，如图 4-3 所示：

图 4－3　编程步骤

第三步： 如果断开引脚 P1，则显示叉子图标，报警器报警。如图 4-4 所示：

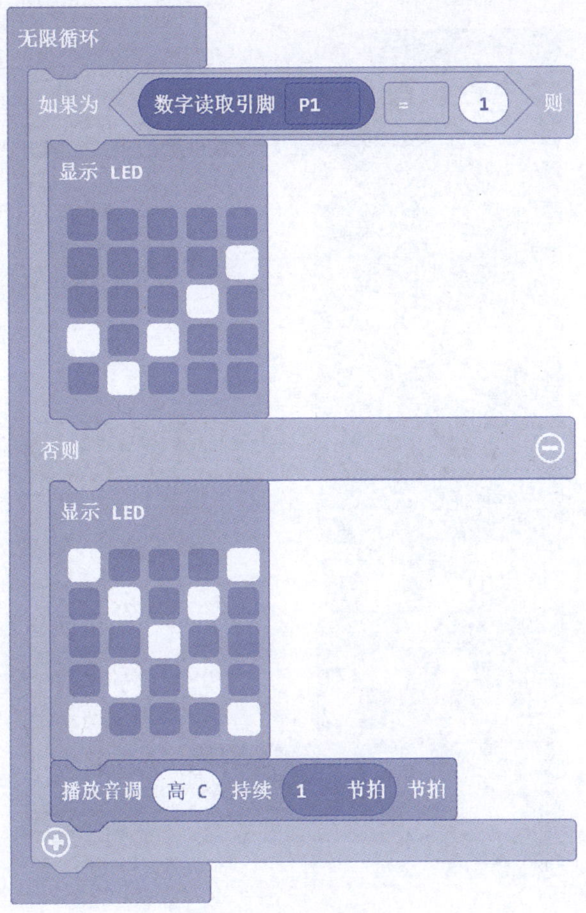

图 4－4　编程步骤

五、本课的参考代码（图 4-5）

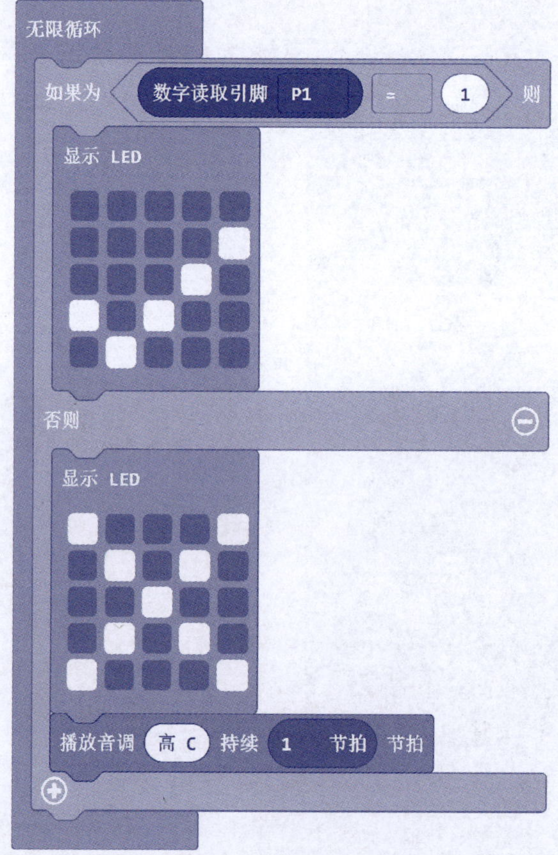

图 4－5 参考代码

六、提升训练

请根据本课所学知识，结合自己的观察，完成下列练习：

用程序模块实现打开保险箱时报警。

七、思考题

为什么保险箱会报警？

烟感报警器

我们在饭店、酒店、教学楼、办公楼、博物馆等公共场所经常见到烟感报警器。烟感报警器里面装有内置发射的对管，由一个发光元器件和一个光敏元器件组成。当发光元器件发出的光能被光敏元器件正常接收，就正常工作；如果有烟雾遮挡，光敏元器件上的光就会减弱，然后光敏元器件把光的变化转化成电的变化，这时就会启动蜂鸣器，向我们报警，提醒有火灾的危险。

第 4.2 课　电子裁判

2010 年的足球世界杯中，裁判的多次误判引起了巨大的争议。这直接推动了电子裁判技术更广泛的应用。虽然电子裁判技术依然不完善，但有了它之后，缓解了很多的争议，使越来越多的比赛变得更加公平公正。那么，电子裁判是怎样判断出是否进球的呢？让我们一起来揭开它神秘的面纱。

一、本课所需的硬件

硬件：核心板、便携式扩展板、杜邦线。

功能使用：核心板上的芯片，便携式扩展板上的 LED 矩阵，蜂鸣器，引脚 P1。

二、本课所需的程序模块（表 4–2）

表 4–2 所需程序模块

序号	程序模块组	程序模块图标	程序模块功能
1	基本	无限循环	“无限循环”命令启动后，程序不停地运行代码。
2	基本	显示数字 0	在 LED 屏幕上显示一个数字。如果有一个以上的数字，它就会向左滚动。
3	基本	当开机时	“当开机时”是一个特殊事件，相当于编程逻辑中的“开始”，它在程序运行时处在所有其他事件之前。使用该事件来初始化程序。
4	变量	将 item ▾ 设为 0	将 item 设置变量为某事物或项目。
5	变量	以 1 为幅度更改 item ▾	以某个幅度更改某个变量的值。
6	音乐	播放音调 中 C 持续 1 ▾ 节拍 节拍	按指定的音调和节拍播放声音。
7	逻辑	如果为 true ▾ 则	如果值或条件为真（true），执行则中的代码。
8	逻辑	0 < ▾ 0	当输入值或变量前者小于后者时，结果为真。

三、本课涉及的编程逻辑

当开机时：将初始分数设置为 0。如图 4–6。

图 4 – 6 编程逻辑

无限循环：设置开始后判断是否触发 P1 引脚，如果是，累加分数，并播放声音，最后显示分数。如图 4–7。

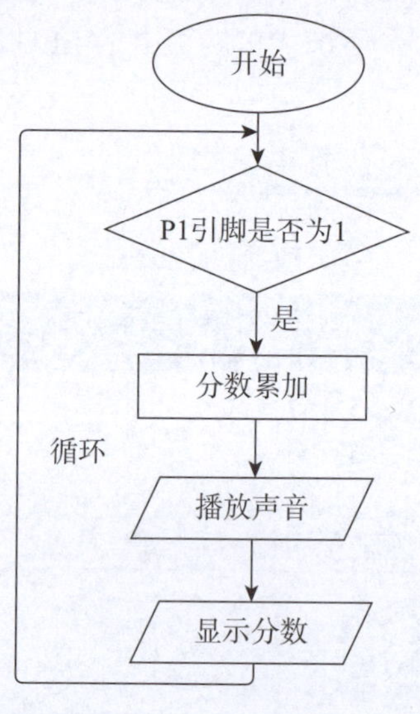

图 4－7　编程逻辑

四、本课实施的编程步骤

第一步： 当开机时，设置初始化分数为 0，并将 item 命名为分数。如图 4–8。

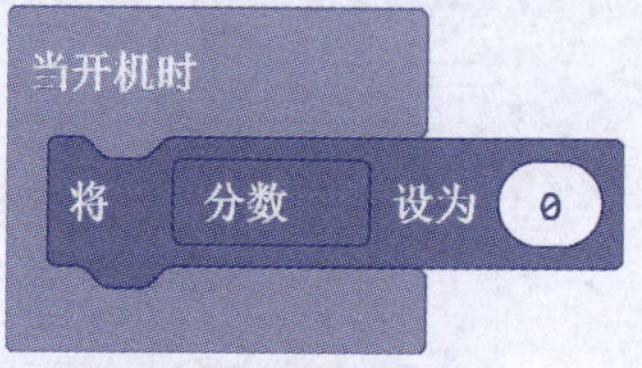

图 4－8　编程步骤

第二步： 在无限循环状态下，设置数字读取引脚 P1=1 接通，引脚接通时开始工作。如图 4–9。

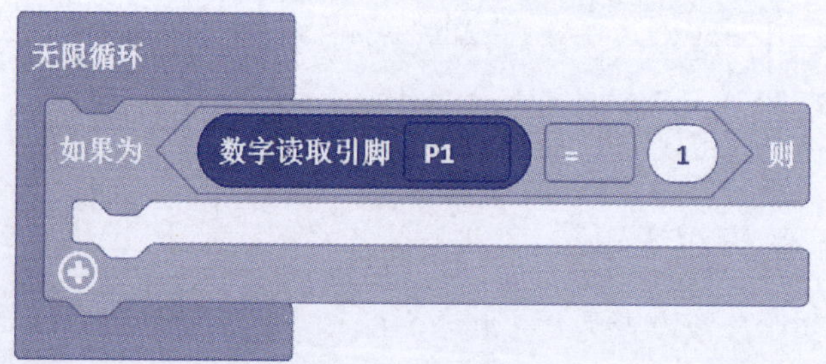

图 4－9　编程步骤

第三步： 引脚 P1 接通时，以 1 为幅度更改分数，播放当前声音。如图 4–10。

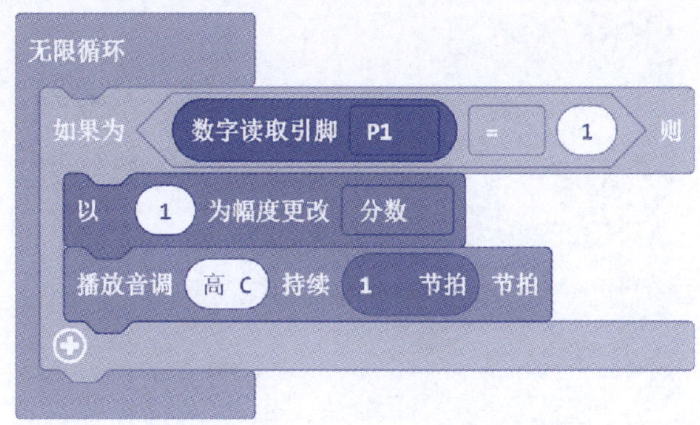

图 4 - 10　编程步骤

第四步： 在 LED 矩阵上显示当前分数的值。如图 4–11。

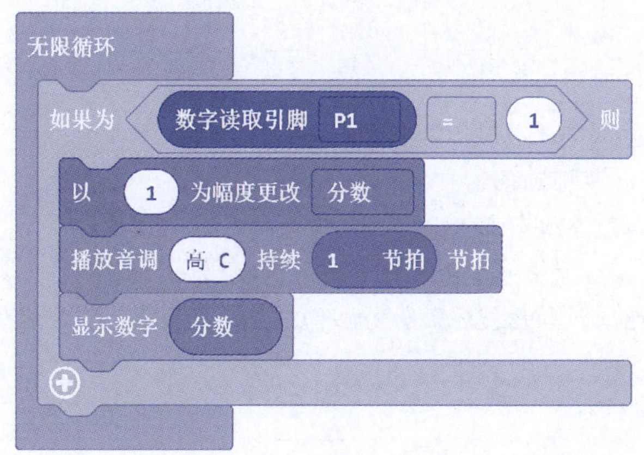

图 4 - 11　编程步骤

五、本课的参考代码

1. 当开机时，如图 4–12。

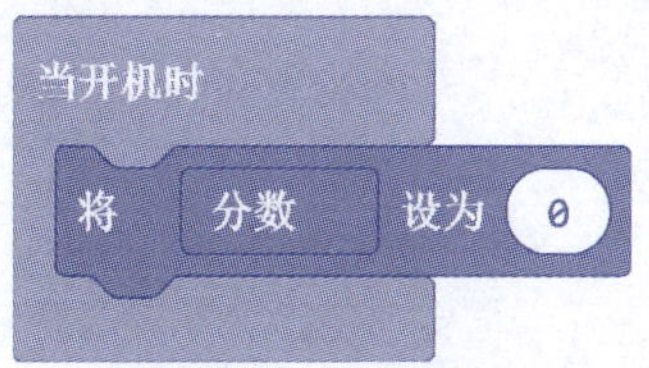

图 4 - 12　参考代码

2. 无限循环，如图 4-13。

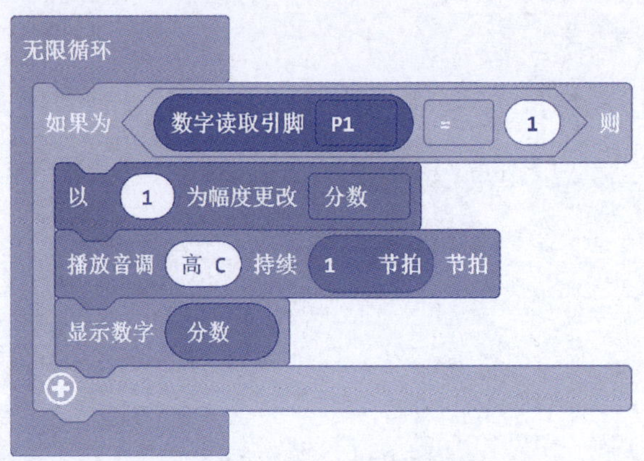

图 4-13　参考代码

六、提升训练

请根据本课所学知识，结合自己的观察，完成下列练习：

用程序模块制作一个电流急急棒。

电流急急棒指的是一种以电为基础的游戏。在电流急急棒游戏中，玩家必须操控一个金属指示物，使其通过一段迷宫，一旦该指示物触碰到迷宫的墙壁，游戏就会以失败告终。由于指示物在碰到迷宫墙壁时会接触到电流，让玩家被电到，因此被称为电流急急棒。

七、思考题

电子裁判和自动计数器之间有什么区别？

电子裁判

电子裁判系统由高配置的电脑、天线和微波发送装置以及电子时钟等主要部件组成，它可以准确地判断越位和进球等比赛动作是否有效。仅重几十克的新系统将被装入比赛用球内和参赛球员的身体上，其微波装置每秒钟能发送出数百次信号，从而非常准确地显示皮球和球员在场上的位置。信号经过场边电脑系统的高速处理后，将在瞬间通过安置在赛场四周的 10 根特殊天线发送到裁判员的手表上。从发出信号到裁判员看表后做出正确判断的间隔，仅有短短的几秒钟。于是，球员是否越位、皮球是否进网等用肉眼很难立即做出正确判断的难题，在“电子裁判”的“神眼”中都能了如指掌。

人们谈论最多的就是足球比赛是否要增加电子裁判。

名帅卡佩罗说过这样一段话，很有代表性：“亨利的一个手球，毁掉了一支国家队2年的努力，一个教练和一些球员一生的梦想，代价太高昂了。我认为，引入高科技是有必要的。我们生活在一个高科技的时代里，可是足球没有丝毫进展，落后于时代。没有进步，没有学习，没有改变，我们依然用过去的那一套来比赛……这符合人类社会发展的需要吗？”AC 米兰副主席加利亚尼也说：“既然篮球、曲棍球等赛事可以使用电子裁判，足球为什么就不行？”

因为足球世界的两大权威坚决反对。欧足联主席普拉蒂尼就危言耸听：“增加电子裁判？那将会是足球比赛的末日！”国际足联主席布拉特也指出：“如果没有裁判人为的错误，只有慢镜头来判断一切的话，我想人们走出球场的时候，将没有什么东西可以讨论，没有厌恶声讨的主题，那么他们就会不爱足球！”没有误判，就没有魅力，这就是权威们的态度。对于这一点，足球世界多有微词，比如意甲巴勒莫主席赞帕里尼就嘲讽道：“看看那些老家伙们，布拉特都 73 岁了，他会不会用电脑还是个问题，他会相信什么科技？况且，你真以为切尔西巴萨比赛的误判是裁判的水平问题吗？不是！如果引进了电子裁判，受最大打击的就是这群当官的权威。因为这群人再也不能随心所欲地控制结果了！”

第 4.3 课　电子钢琴

钢琴是意大利人巴托罗密欧 · 克里斯多佛利在 1709 年发明的，属于西洋古典音乐的一种键盘乐器。电子钢琴是近代的新事物，它主要是模拟钢琴的音色、音效、琴键触感。它有 88 个键，功能强，体积小，便于移动。

电子钢琴有这么多的优点。那我们来模拟制作一个简易的电子钢琴吧。

一、本课所需的硬件

硬件：核心板、便携式扩展板、杜邦线。

功能使用：核心板上的芯片，便携式扩展板上的 LED 矩阵，蜂鸣器，引脚 P1、P2、P16。

二、本课所需的程序模块（表 4-3）

表 4-3　所需程序模块

序号	程序模块组	程序模块图标	程序模块功能
1	逻辑	如果为 true 则	如果值或条件为真（true），执行则中的代码。
2	逻辑	0 = 0	如果两个输入值或变量相等，则返回真（true）。
3	引脚	数字读取引脚 P0	读取指定的引脚值（为 0 或 1）。
4	声音	播放音调 中 C 持续 1 节拍 节拍	按指定的音调和节拍播放声音。
5	基本	显示数字 0	在 LED 屏幕上显示一个数字。如果有一个以上的数字，它就会向左滚动。
6	基本	当开机时	“当开机时”是一个特殊事件，相当于编程逻辑中的“开始”，它在程序运行时处在所有其他事件之前。使用该事件来初始化程序。
7	基本	无限循环	“无限循环”命令启动后，程序不停地运行代码。
8	基本	暂停（ms）100	暂停程序，时长为设置的毫秒数。
9	基本	清空屏幕	将屏幕显示的内容清空，准备显示下一个内容。

三、本课涉及的编程逻辑

当开机时：开始后显示 LED，然后清空屏幕，为下面的程序做准备。如图 4-14。

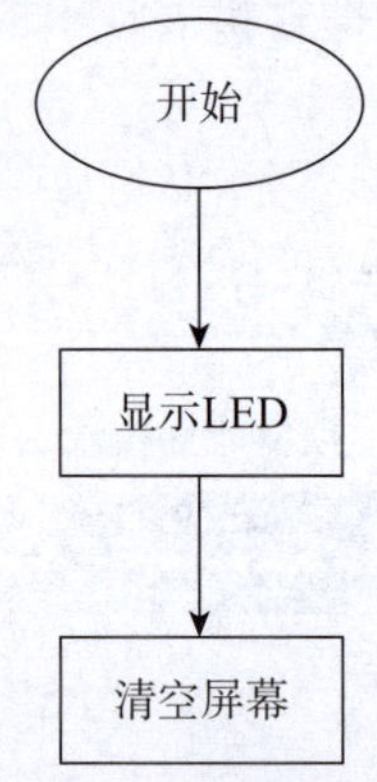

图 4－14　编程逻辑

无限循环：当开始时，程序检测到如果是 P1 引脚触发，则播放高 C1 声音，否则检测是否触发 P2 引脚，如果是就播放高 D1 声音，如果否就继续判断是否触发 P16 引脚，如果是就播放 E1 声音，然后继续循环判断（引脚可设定任何可用引脚，此次使用 P1、P2、P16 引脚）。如图 4-15。

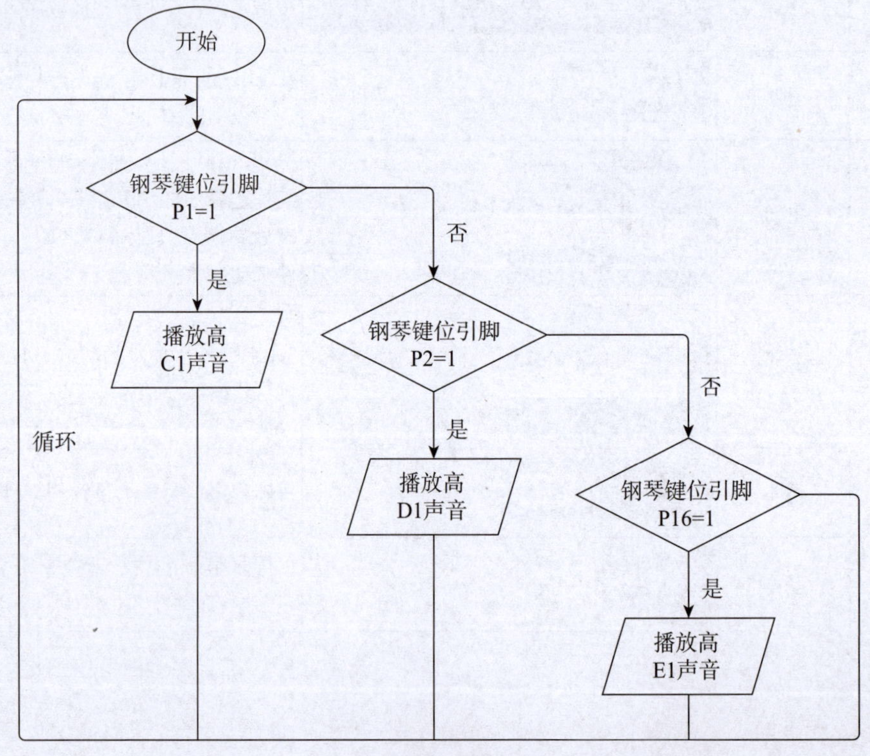

图 4－15　编程逻辑

四、本课实施的编程步骤

1. 当开机时显示图标，清空屏幕。如图 4–16。

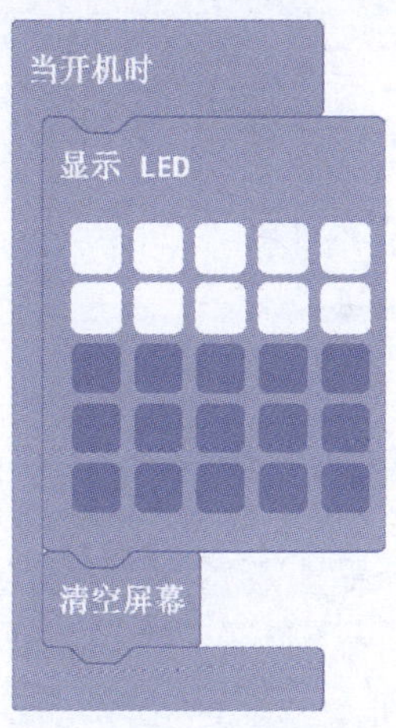

图 4 - 16　编程步骤

2. 钢琴发声程序。

第一步： 无限循环与判定式组合。如图 4–17。

图 4 - 17　编程步骤

第二步： 如果 P1 引脚接通（P1=1），则发出声音，显示数字 1，暂停 100 毫秒，清空屏幕。如图 4–18。

（关于引脚的连接，请登录 https://www.siwt. 中国或 https://www.bitlogic.cn 观看相关视频）

图 4－18　编程步骤

第三步： 如果 P2 引脚接通（P2=1），则发出声音，显示数字 2，暂停 100 毫秒，清空屏幕。如图 4–19。

图 4－19　编程步骤

第四步： 如果 P16 引脚接通（P16=1），则发出声音，显示数字 3，暂停 100 毫秒，清空屏幕。如图 4–20。

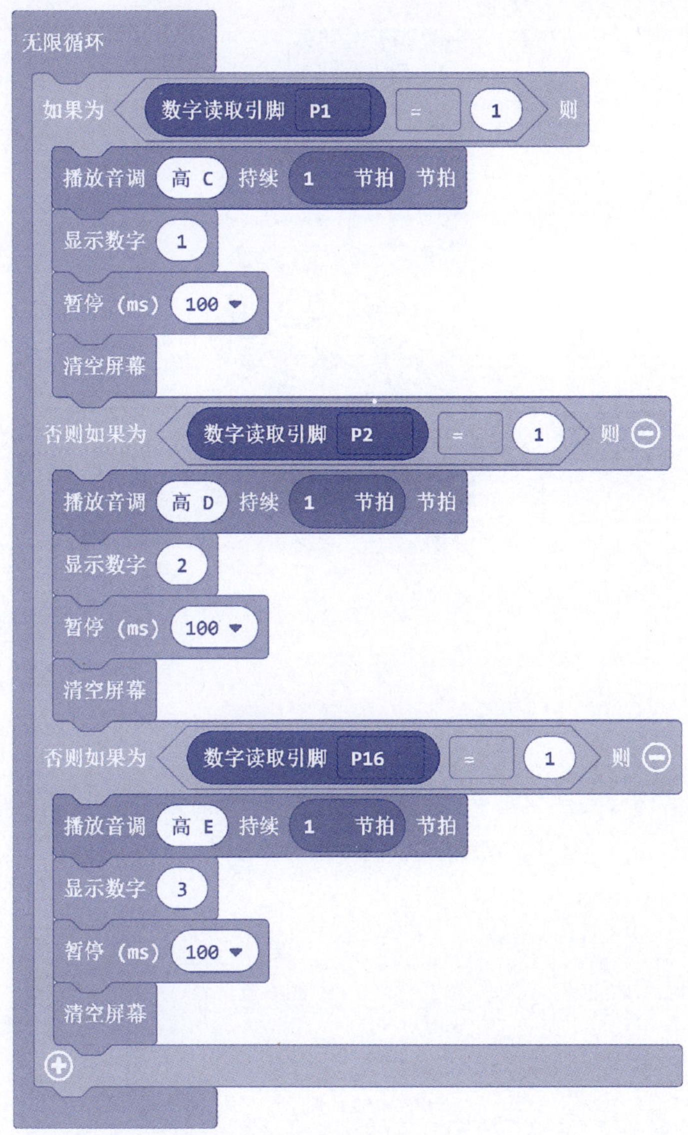

图 4 – 20 编程步骤

五、本课的参考代码

1. 当开机时，如图 4–21。

图 4 – 21　参考代码

2. 钢琴发声程序，如图 4-22。

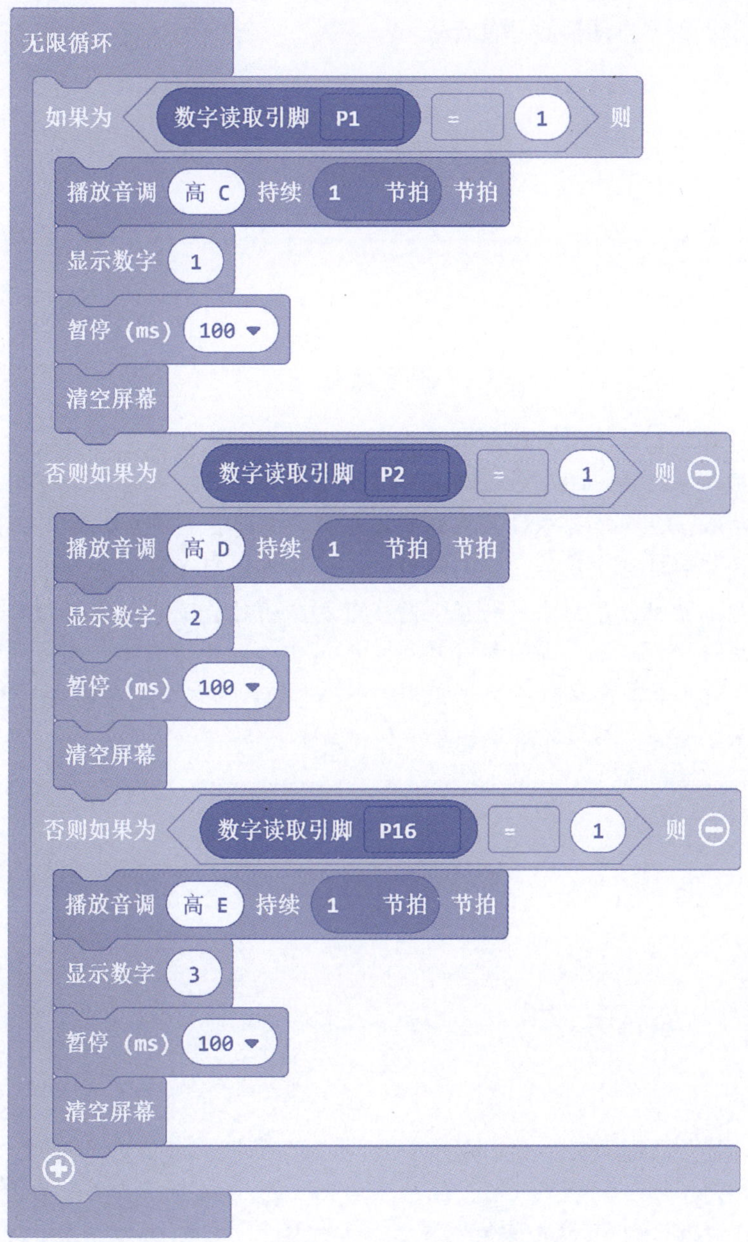

图 4-22 参考代码

六、提升训练

请根据本课所学知识，结合自己的观察，完成下列练习：
请你想想，怎样能让更多的模拟琴键发出音符？

七、思考题

怎么能让电子钢琴自动播放一首音乐？

钢琴踏板

钢琴踏板是指钢琴下面用脚踩的踏板，共有三个：中踏板、右踏板、左踏板。中踏板：也叫延长音踏板，踩下踏板后只延续此前弹奏的音，不延续踏板踩着时的任何弹奏音。右踏板：也叫延音踏板，当延音踏板被按下时，平时压在弦上的制音器立即抬起，所有的琴弦延续震动着，把踏板放开后，所有的制音器又全部压在琴弦上，就是用杠杆将原本紧贴在琴弦上的一层毛毡支开，从而延长了琴弦震动的时间。右踏板是最常用的踏板。左踏板：也叫柔音踏板，当柔音踏板被按下时，琴槌移近琴弦，减轻冲力，减少打击的长度与强度，使音量变小。它的作用不仅是帮助演奏者弹得更弱，也是为了增加声音的柔和，并除掉音质中任何敲击的成分。

第5章

无线蓝牙技术的运用

导语 无线蓝牙技术的运用介绍

本章将利用硬件自带的无线和蓝牙模块进行相关的编程学习

无线：一般来说，“无线”指的是无线电波，属于通信领域范畴。

蓝牙：是一种无线技术标准，可实现固定设备和移动设备之间的短距离数据交换。蓝牙的波段为 2400MHz~2483.5MHz（包括防护频段），这是全球范围内无需取得执照（但并非无管制的）的工业、科学和医用（ISM）波段的 2.4 GHz 短距离无线电频段。

第 5.1 课　神奇的读心术

你知道我们发出的信息对方为什么能收到吗？因为我们使用的通讯工具含有相同的 ID（身份识别码）。ID 是一种互联网身份认证协议，具有唯一性和信息不可否认性。

想让你的主板“读”出别人的想法吗？那就跟它们建立一个相同的 ID 吧！

一、本课所需的硬件

硬件：核心板 2 块、便携式扩展板或转接板 2 块。

功能使用：核心板上的芯片和蓝牙，便携式扩展板或转接板上的 LED 矩阵，按键 A 和按键 B。

二、本课所需的程序模块（表 5-1）

表 5-1　　所需程序模块

序号	程序模块组	程序模块图标	程序模块功能
1	基本	当开机时	“当开机时”是一个特殊事件，相当于编程逻辑中的“开始”，它在程序运行时处在所有其他事件之前。可使用该事件来初始化程序。
2	基本	显示图标	在 LED 屏幕上显示选定的图形。
3	基本	显示数字 0	在 LED 屏幕上显示一个数字。如果有一个以上的数字，它就会向左滚动。
4	逻辑	如果为 true 则	如果值或条件为真（true），执行则中的代码。
5	变量	receivedNumber	无线接收到的数字变量。
6	变量	以 1 为幅度更改 item	以某个幅度更改某个变量的值。
7	输入	当按钮 A 被按下时	当按下再松开按钮（A、B 或同时按下 A+B）时执行下列操作。
8	无线	在无线接收到数据时运行 receivedNumber	当收到无线数字后执行下列命令。
9	无线	无线设置组 1	设置无线通讯的组 ID。
10	无线	无线发送数字 0	通过无线发送数字。

三、本课涉及的编程逻辑

本课基本的逻辑是：设置相同的无线传输组（相当于ID），发送并接收数据，然后把接收到的数据进行编译并显示。

1. 发送端。

当开始时，设置无线设置组为1，显示数字为0（初始化的数字，也可以设置成其他任意数字）。如图5–1。

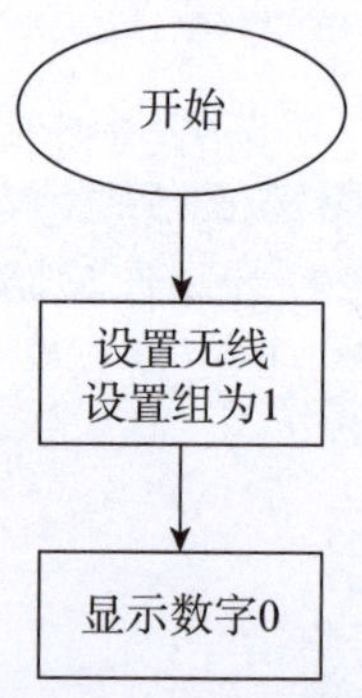

图 5－1　编程逻辑

按A键，LED矩阵显示“高兴”图标，发送数字为0（也可设置成其他数字，但要保证与接收端数字一样）。如图5–2。

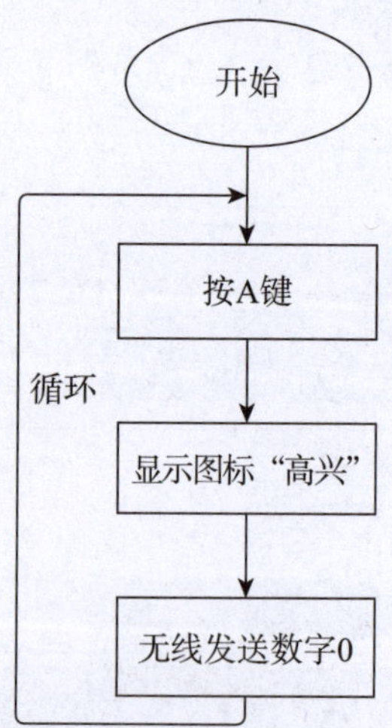

图 5－2　编程逻辑

按B键，LED矩阵显示“伤心”图标，发送数字1。如图5–3。

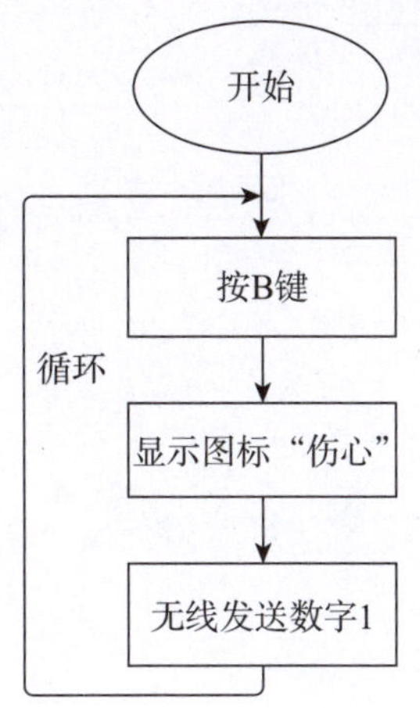

图 5－3 编程逻辑

2. 接收端。

当开始时，设置无线设置组为 1，显示数字为 0（初始化的数字，也可以设置成其他任意数字）。如图 5–4。

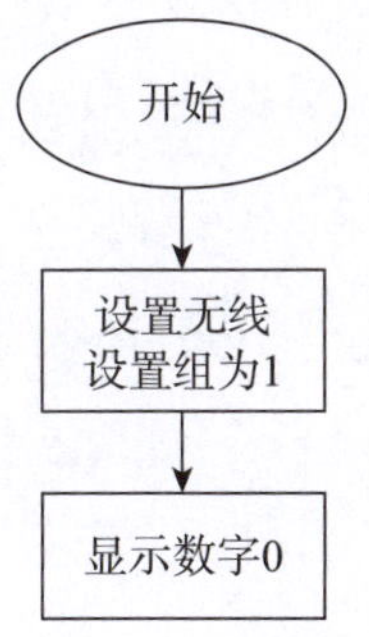

图 5－4 编程逻辑

3. 信号判断。

接收端将收到的数据进行判断。当接收到数据为 0 时，显示"高兴"图标；当接收到数据为 1 时，显示"伤心"图标；然后程序无限循环。如图 5–5。

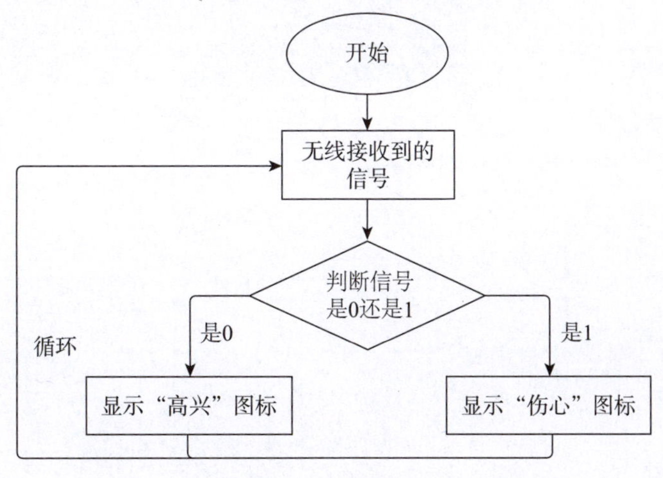

图 5－5 编程逻辑

四、本课实施的编程步骤

1. 发送端。

第一步： 当开机时，添加无线设置组，并设置为 1，显示数字为 0。如图 5-6 所示：

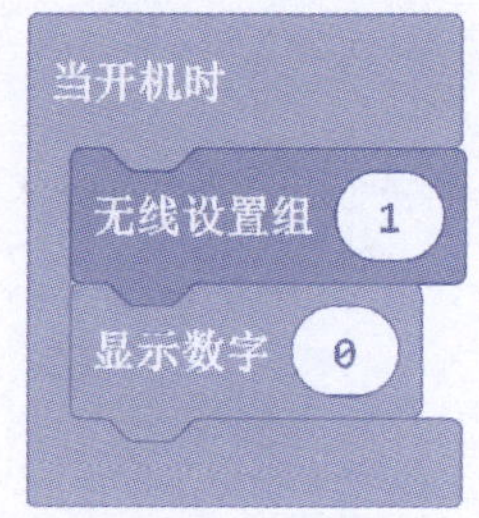

图 5-6　编程步骤

第二步： 当按下按钮 A 时，显示图标“高兴”（可以选择自己喜欢的图标），无线发送数字为 0。如图 5-7 所示：

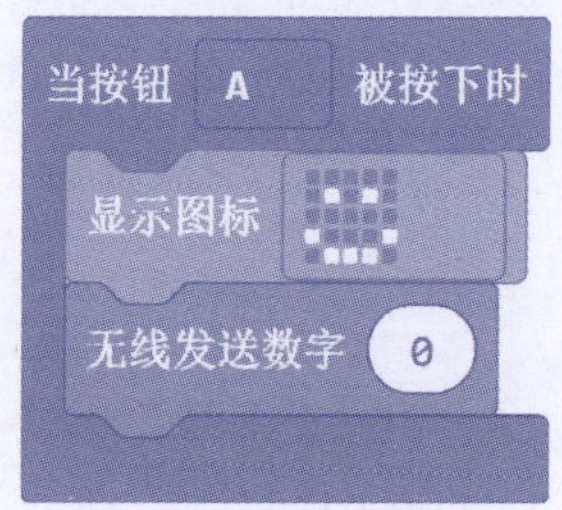

图 5-7　编程步骤

第三步： 当按下按钮 B 时。显示图标“伤心”（可以选择自己喜欢的图标），无线发送数字为 1。如图 5-8 所示：

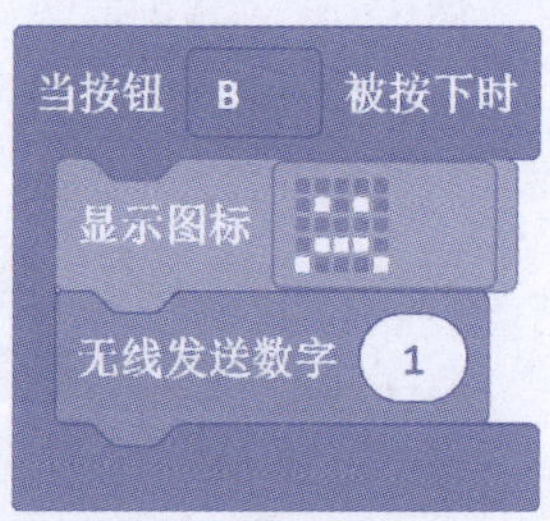

图 5-8　编程步骤

2. 接收端。

当开机时，添加无线设置组，并设置为 1。显示数字为 0。如图 5-9 所示：

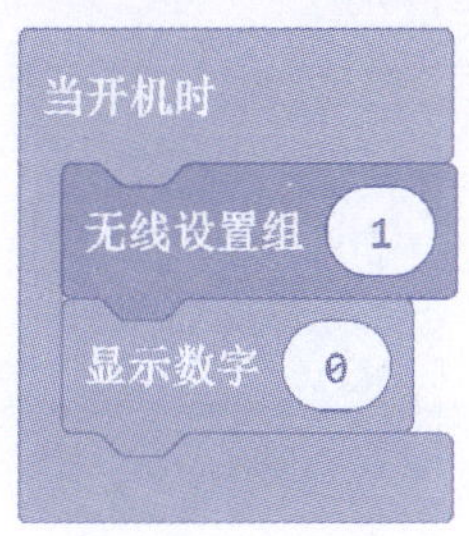

图 5－9　编程步骤

3. 信号判断。

第一步： 在无线接收到数据时运行 receivedNumber（接收数字），添加判断程序模块，“如果为……则……否则如果为……则……”。如图 5-10 所示：

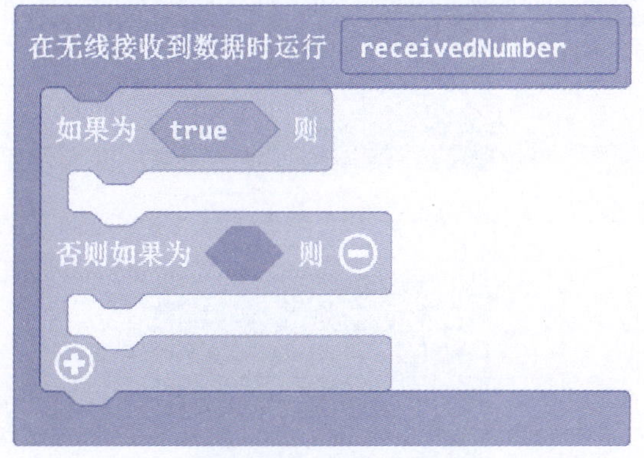

图 5－10　编程步骤

第二步： 如果 receivedNumber（接收数字）等于 0 时，则显示“高兴”图标；如果 receivedNumber 等于 1 时，则显示“伤心”图标。如图 5-11 所示：

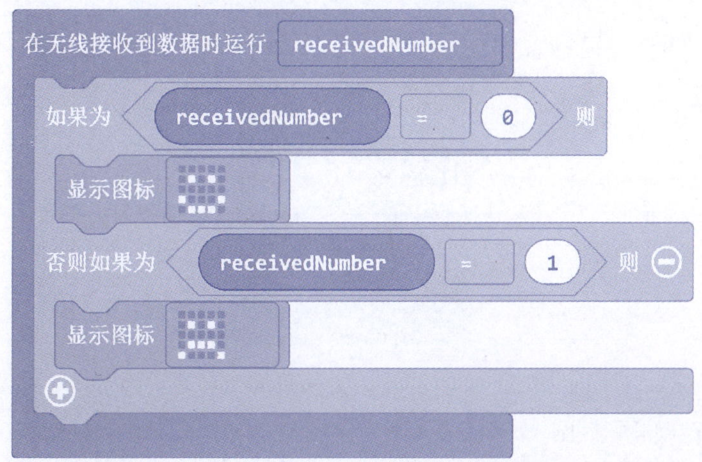

图 5－11　编程步骤

五、本课的参考代码

1. 发送端。如图 5–12、图 5–13 和图 5–14。

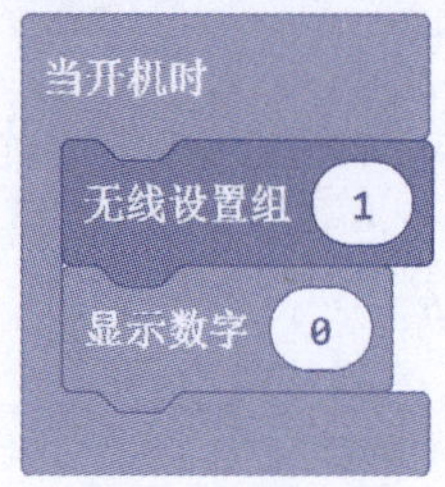

图 5 - 12　参考代码

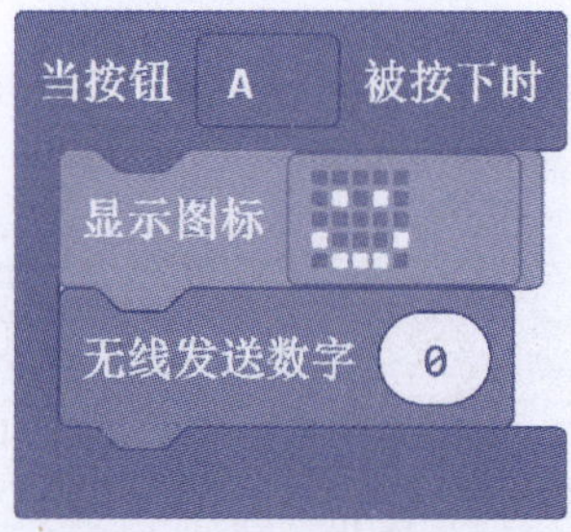

图 5 - 13　参考代码

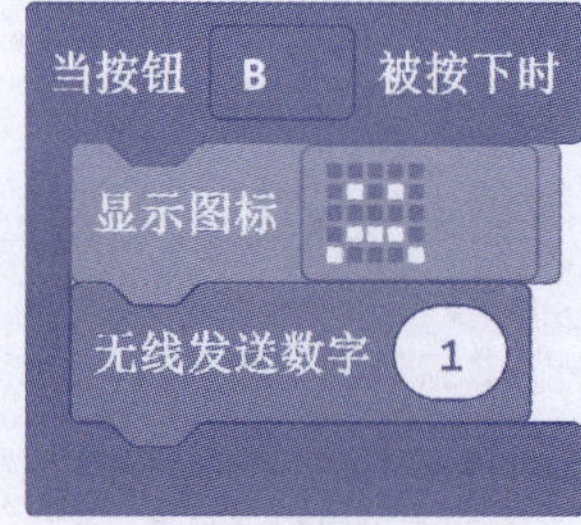

图 5 - 14　参考代码

2. 接收端。如图 5–15。

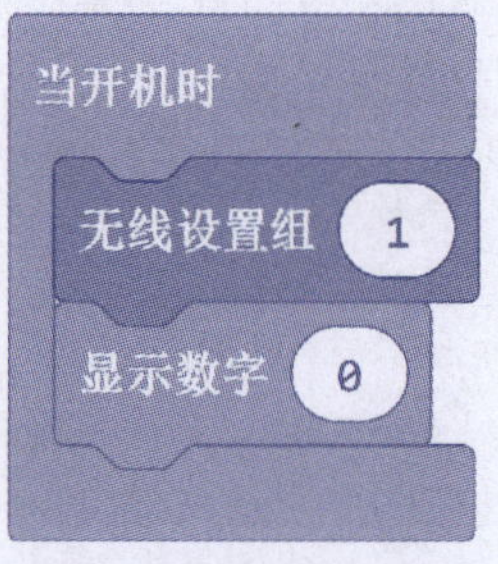

图 5 - 15　参考代码

3. 信号判断。如图 5–16。

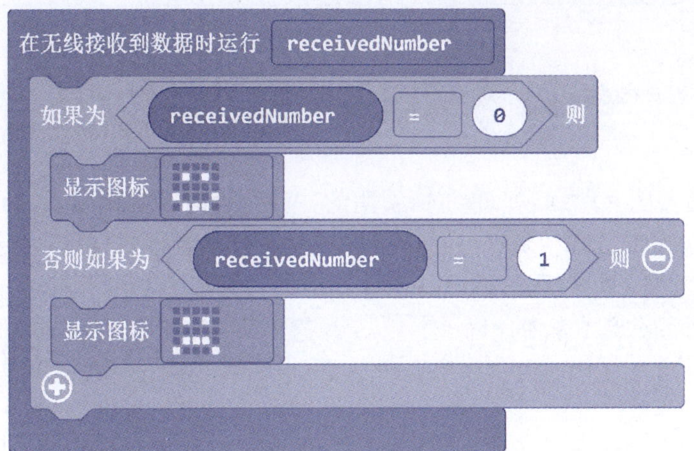

图5-16 参考代码

六、提升训练

请根据本课所学知识，结合自己的观察，完成下列练习：
结合之前的自动计数器，利用本课的无线技术，把计数器的数据传输到另一个硬件组上。

七、思考题

我们用一个硬件做发射端，能否让多个硬件接收到相同信息？

蓝牙的起源

蓝牙（Bluetooth）一词取自于十世纪丹麦国王哈拉尔的名字 Harald Bluetooth。而将蓝牙与后来的无线通讯技术标准关联在一起的，是一位来自英特尔的工程师 Jim Kardach。他在一次无线通讯行业会议上，提议将 Bluetooth 作为无线通讯技术标准的名称。

蓝牙的历史实际上要追溯到第二次世界大战。蓝牙的核心是短距离无线电通讯，它的基础来自于跳频扩频（FHSS）技术，由好莱坞女演员 Hedy Lamarr 和钢琴家 George Antheil 在 1942 年 8 月申请的专利上提出。他们是从钢琴按键数量上得到的启发。后来军事学家通过使用 88 种（钢琴琴键数量）不同载波频率的无线电控制鱼雷，由于传输频率是不断跳变的，因此这一技术具有一定的保密能力和抗干扰能力。跳频扩频技术后来在解决包括蓝牙、WiFi、3G 移动通讯系统在无线数据收发的问题上发挥着关键作用。

第 5.2 课　摩斯密码

摩斯密码是美国人萨缪尔·摩尔斯发明的一种时通时断的信号代码。它用严格的点（. 读作“滴”）、划（- 读作“哒”）和间隔的长短时间组成代码进行信号传输。收报方接收到信号后，再根据电码的代码进行译码并写出电文。摩斯密码是国际通用的电码，比如嘀嘀嘀，哒哒哒，嘀嘀嘀（摩斯代码：... --- ...），这 3 组 9 声，就表示 SOS（国际通用的遇险求救信号码）。今天我们通过程序编写和无线传递，写出属于你自己的密码。

MORSE CODE

A	·—	N	—·	1	·————	?	··——··
B	—···	O	———	2	··———	!	—·—·——
C	—·—·	P	·——·	3	···——	.	·—·—·—
D	—··	Q	——·—	4	····—	,	——··——
E	·	R	·—·	5	·····	;	—·—·—·
F	··—·	S	···	6	—····	:	———···
G	——·	T	—	7	——···	+	·—·—·
H	····	U	··—	8	———··	-	—····—
I	··	V	···—	9	————·	/	—··—·
J	·———	W	·——	0	—————	=	—···—
K	—·—	X	—··—				
L	·—··	Y	—·——				
M	——	Z	——··				

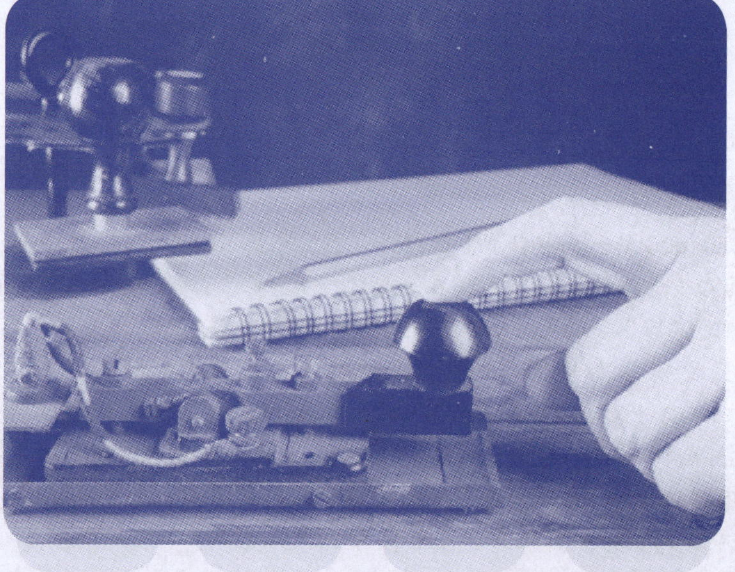

一、本课所需的硬件

硬件：核心板 2 块、便携式扩展板或转接板 2 块。

功能使用：核心板上的芯片和无线，便携式扩展板或转接板上的 LED 矩阵，按键 A 和按键 B。

二、本课所需的程序模块（表 5-2）

表 5-2 所需程序模块

序号	程序模块组	程序模块图标	程序模块功能
1	基本	当开机时	“当开机时”是一个特殊事件，相当于编程逻辑中的“开始”，它在程序运行时处在所有其他事件之前。使用该事件来初始化程序。
2	基本	显示 LED	在 LED 屏幕上显示字符、数字或图形。
3	基本	暂停 (ms) 100	暂停程序，时长为所设置的毫秒数。
4	基本	清空屏幕	将屏幕显示的内容清空，准备显示下一个内容。
5	无线	无线设置组 1	设置无线通讯的组 ID。
6	无线	在无线接收到数据时运行 receivedNumber	当收到无线数字后执行下列命令。
7	无线	无线发送数字 0	通过无线发送数字。
8	输入	当按钮 A 被按下时	当按下再松开按钮（A、B 或同时按下 A+B）时执行操作。
9	输入	当 振动	完成一个特定动作（如晃动硬件）时执行操作。

10	逻辑	如果为 true 则	如果值或条件为真（true），执行则中的代码。
11	逻辑	0 = 0	如果两个输入值或变量相等，则返回真（true）。
12	变量	将 item 设为 0	将 item 设置变量为某事物或项目。
13	变量	item	设置变量为任何事物或项目。

三、本课涉及的编程逻辑

设置“无线”通连。

当开机时，显示数字 0，建立无线设置组 ID。如图 5-17。

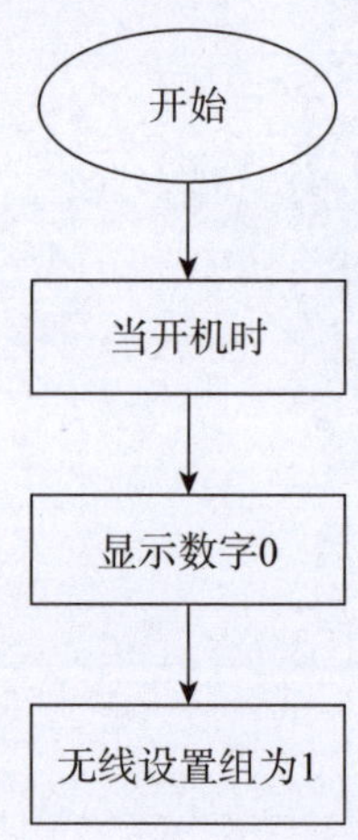

图 5－17　编程逻辑

设置“发报”端。

按 A 键时，发送数字 0，显示“加号”图标。如图 5-18。

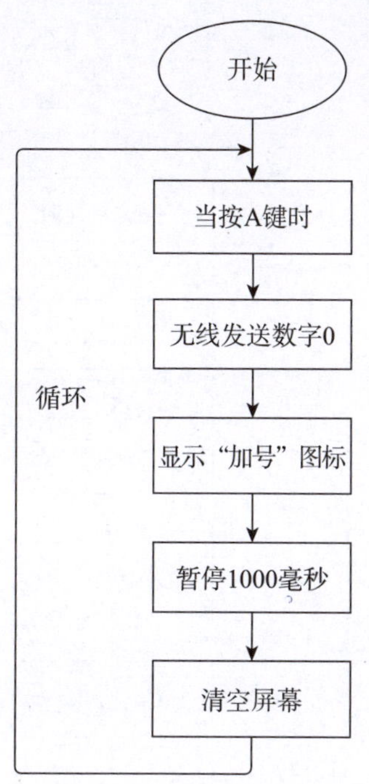

图 5-18　编程逻辑

按 B 键时，发送数字 1，显示“减号”图标。如图 5–19。

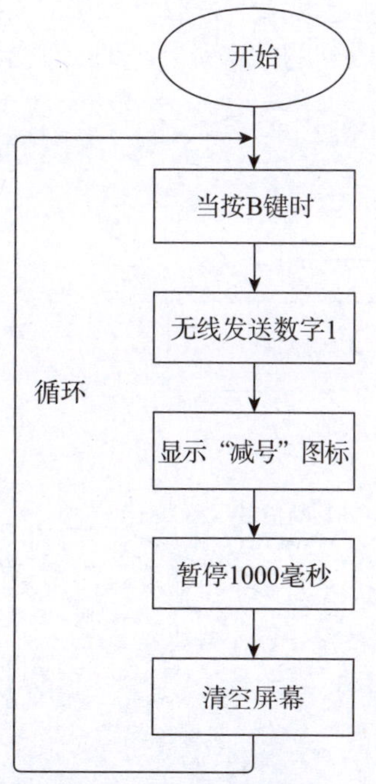

图 5-19　编程逻辑

当振动时，发送数字 2，显示“密码”图标。如图 5–20。

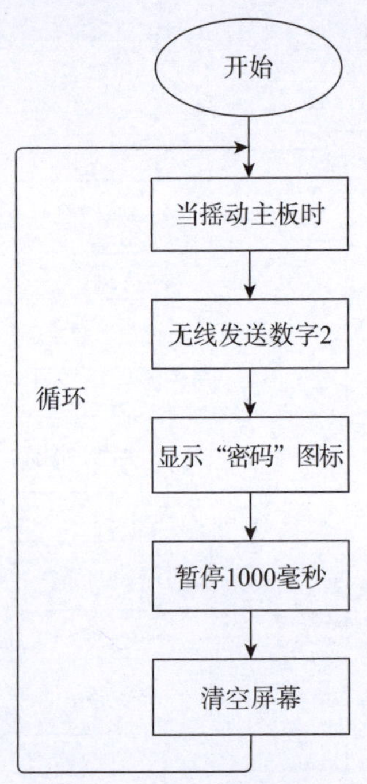

图 5－20　编程逻辑

接收并解码。

在无线接收数据运行时，通过无线，接收到的数据是 0 时，显示“加号”，接收到的数据为 1 时，显示“减号”，接收到的数据是其他时，显示“密码”图标。如图 5–21。

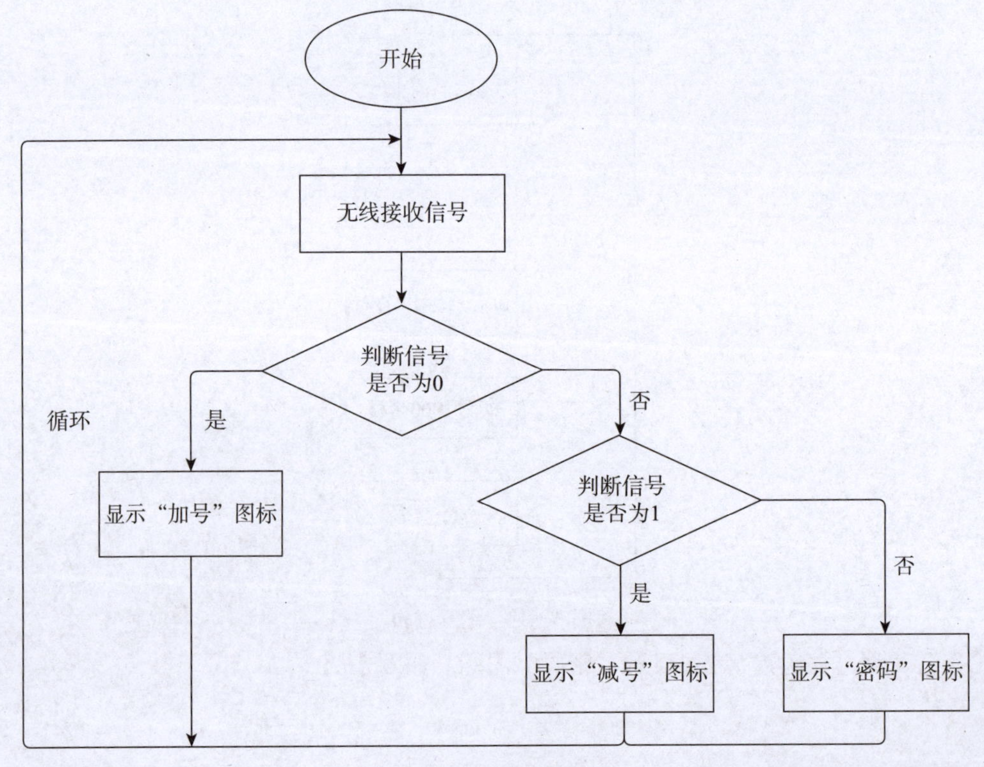

图 5－21　编程逻辑

四、本课实施的编程步骤

1. 当开机时。

添加无线设置组，并设置为1，显示数字为0。如图5–22所示：

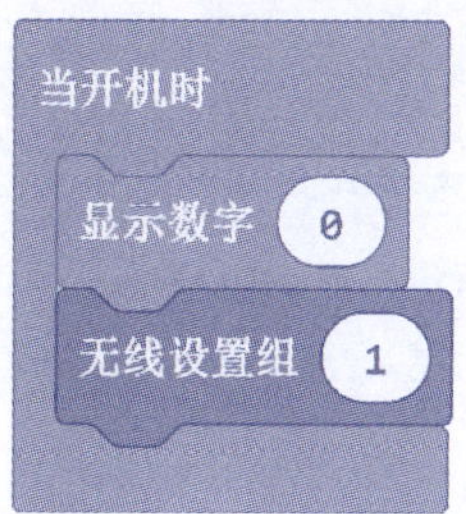

图5-22 编程步骤

2. 设置按键A、B。

当按A键时，无线发送数字0，发送图形“+”号（可自行设置LED矩阵显示的图像，暂停时间也可根据自己的喜好设置），最后清空屏幕。如图5–23所示：

图5-23 编程步骤

当按B键时，无线发送数字1，发送图形“–”号（可自行设置LED矩阵显示的图像，暂停时间也可根据自己的喜好设置），最后清空屏幕。如图5–24所示：

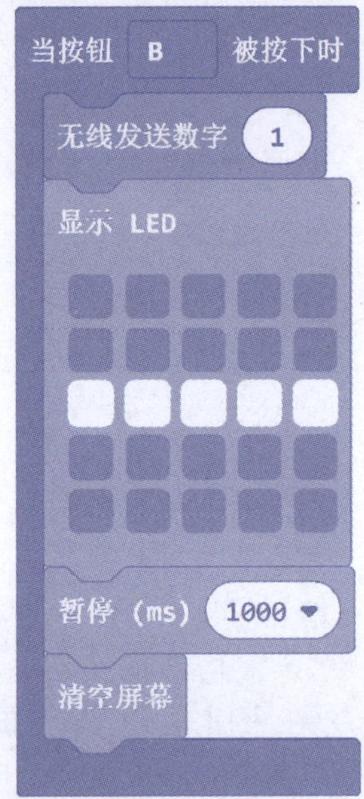

图 5-24　编程步骤

3. 设置振动时。

当振动时，无线发送数字 2，发送“密码”图标（可自行设置 LED 矩阵显示的图像，暂停时间也可根据自己的喜好设置），最后清空屏幕。如图 5-25 所示：

图 5-25　编程步骤

4. 无线接收设置。

第一步：在无线接收到数据时运行，添加判断程序模块。如图 5-26 所示：

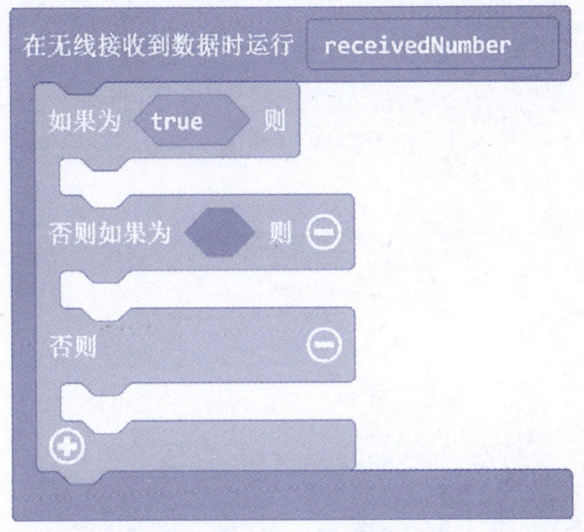

图 5-26　编程步骤

第二步：如果 receivedNumber 等于 0 时，则 LED 矩阵显示按 A 键所制作的图形，暂停 1000 毫秒，清空屏幕。如图 5-27 所示：

图 5-27　编程步骤

第三步： 否则如果 receivedNumber 等于 1 时，则 LED 矩阵显示按 B 键所制作的图形，暂停 1000 清空屏幕。如图 5-28 所示：

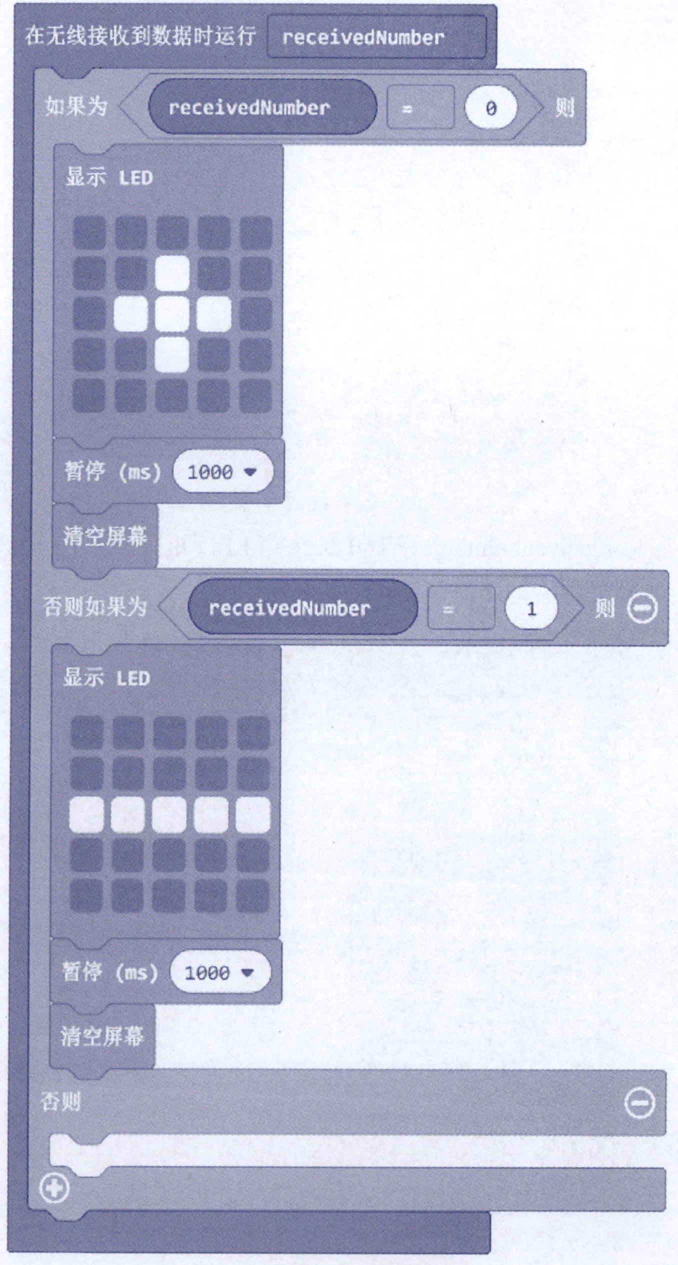

图 5－28　编程步骤

第四步： 否则显示由振动所制作的图形，暂停 1000 毫秒，清空屏幕。如图 5–29 所示：

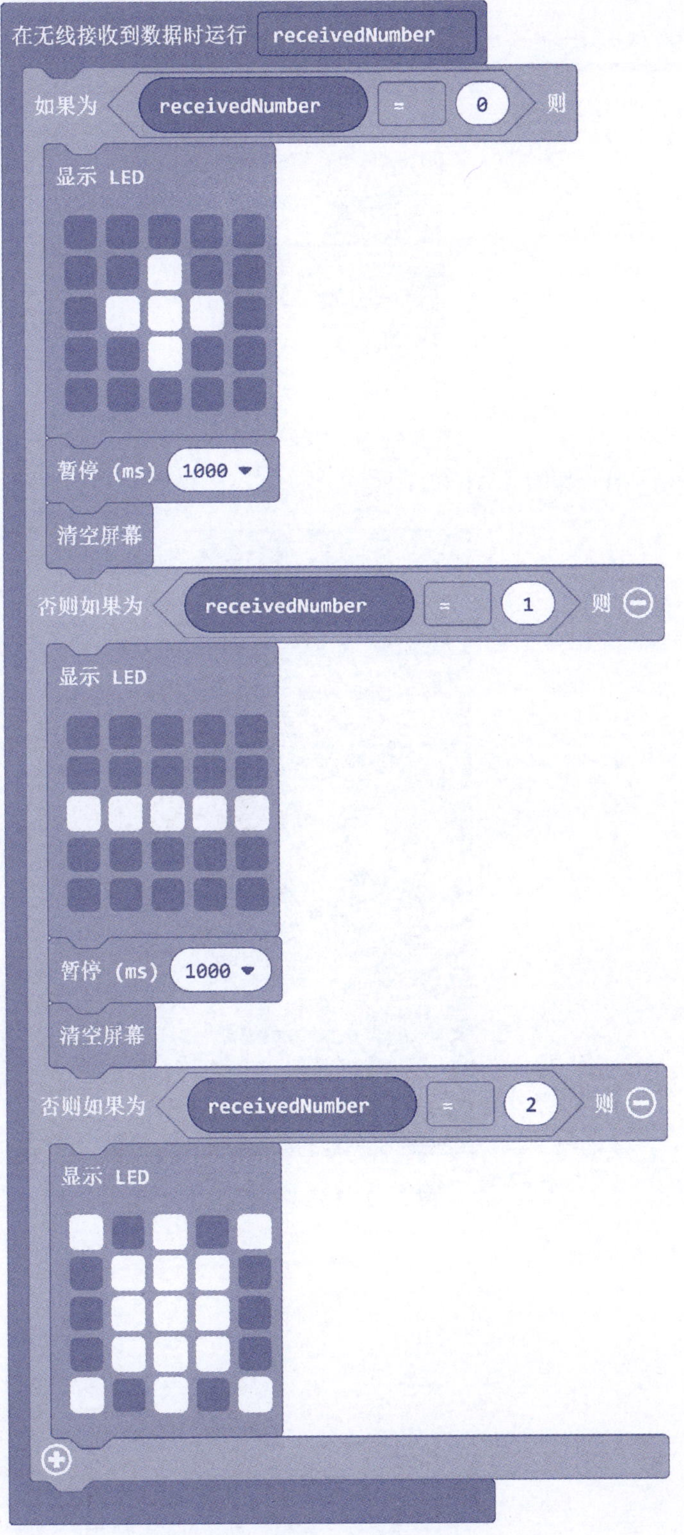

图 5－29 编程步骤

第五步： 将程序下载到两块主板中，两块主板都能进行发送和接受。

五、本课的参考代码

1. 当开始时。如图 5-30。

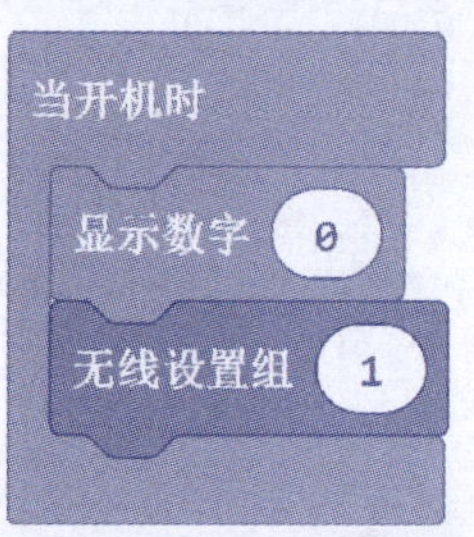

图 5-30　参考代码

2. 设置按键 A、B。如图 5-31 和 5-32。

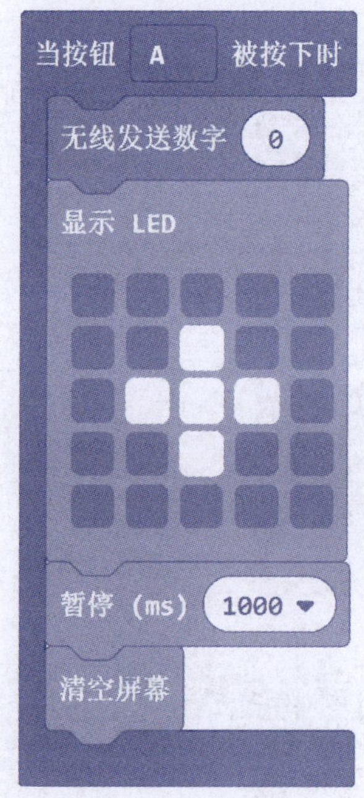

图 5-31　参考代码

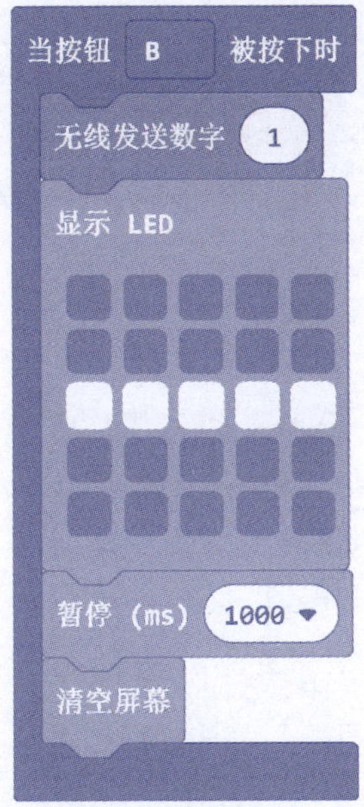

图 5-32 参考代码

3. 当振动时。如图 5-33。

图 5-33 参考代码

4. 无线接收设置。如图 5-34。

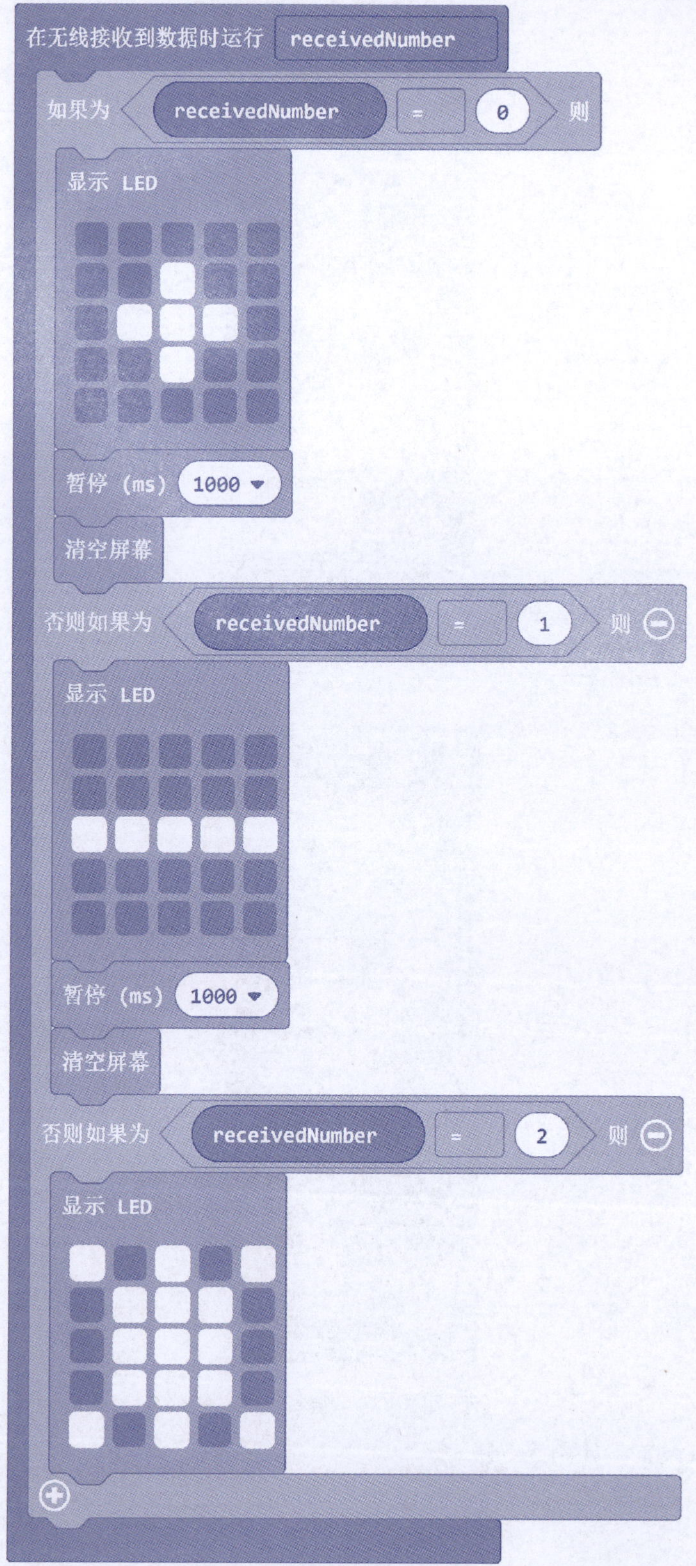
在无线接收到数据时运行 receivedNumber
如果为 receivedNumber = 0 则
显示 LED
暂停 (ms) 1000
清空屏幕
否则如果为 receivedNumber = 1 则
显示 LED
暂停 (ms) 1000
清空屏幕
否则如果为 receivedNumber = 2 则
显示 LED

图 5-34　参考代码

六、提升训练

尝试用 A 键、B 键、A+B 键发送密码到另一所需硬件上，所需硬件接收到不同键位发送的信号后，发出不同的声音并显示当前的密码。

七、思考题

地震后，为什么灾区的通讯只能使用无线电，而不能使用移动手机电话和固定电话？

SOS 解读

1909 年 6 月 10 日英国轮船首先使用 SOS 求救信号。许多人都认为“SOS”是三个英文单词的缩写。但究竟是哪三个英文词呢？有人认为是“Save Our Souls”（救救我们）；有人解释为“Save Our Ship”（救救我们的船）；有人推测是“Send Our Succour”（速来援助）；还有人理解为“Surving Of Soul”（救命）……其实，“SOS”的原制定者本没有这些意思。

事情还要追溯到 20 世纪初。1903 年第一届国际无线电报会议在柏林召开，有八个海洋大国参加了会议。考虑到航海业的迅速发展和海上事故的日益增多，会议提出要确定专门的船舶遇难无线电信号。有人建议用三个“S”和三个“D”字母组成的“SSSDDD”作为遇难信号，但会议对此没有作出正式决定。

会后不久，英国马可尼无线电公司宣布，用“CQD”作为船舶遇难信号。其实这只是在当时欧洲铁路无线电通讯的一般呼号“CQ”后边加上一个字母“D”而已。海员们则把“CQD”解释为“Come Quick, Danger”（速来，危险）。因为“CQD”信号只是在安装有马可尼公司无线电设备的船舶上使用，所以这一信号仍然不能算作是国际统一的遇难信号。况且，“CQD”与一般呼号“CQ”只有一字之差，很容易混淆。

1906 年，第二届国际无线电报会议又在柏林召开。会议决定要用一种更清楚、更准确的信号来代替“CQD”。美国代表提出用国际两旗信号简语的缩写“NC”作为遇难信号。这个方案未被采纳。德国代表建议用“SOE”作遇难信号。讨论中，有人指出这一信号有一重大缺点：字母“E”在摩尔斯电码中是一个点，即整个信号“SOE”是“…— — —·”，在远距离拍发和接收时很容易被误解，甚至完全不能理解。虽然这一方案仍未获通过，但它却为与会者开阔了思路。接着，有人提出再用一个“S”来代替“SOE”中的“E”，即成为“SOS”。在摩尔斯电码中，“SOS”是“…— — —…”。它简短、准确、连续而有节奏，易于拍发和阅读。

在宣布“SOS”为国际统一的遇难信号的同时，废除了其他信号，包括当时普遍使用的“CQD”。但“SOS”并没有马上被使用，电报员们仍然偏爱于“CQD”，因为他们大多数曾经是在铁路系统工作的，习惯使用“CQD”。

1909 年 8 月，美国轮船“阿拉普豪伊”号由于尾轴破裂，无法航行，就向邻近海岸和过往船只拍发了“SOS”信号。这是第一次使用这个求救信号。直到 1912 年 4 月“泰坦尼克”号沉船事件之后，“SOS”才得到广泛使用。

另外还有一个最重要的原因，SOS 这三个字母无论是从上面看还是倒过来看都是 SOS，当遭遇海难，需要在孤岛上摆上大大的“SOS”图案等待救援的时候，头顶上路过的飞机无论从哪个方向飞来都能立刻辨认出来。

SOS 另有一种表现方法为 191519。19、15、19 分别为 S、O、S 在 26 个英文字母中的顺序。SOS 求救信号广为人知，当在极端被动的情况之下 SOS 会暴露受难者求救的信息，所以 191519 是另一种隐晦的传递和表达求救讯息的符号。

第 5.3 课　无线密码保险箱

日常生活中，我们会在很多物品上用到遥控器，比如家里的电视、汽车的车门、空调和某些灯具等。我们不需要接触到这些物品，在一定距离内就可以用遥控器来操控它们。

遥控器的数据传输模式主要有两种，红外线传输和无线电传输。今天，我们就来学习使用无线电传输功能，来设计一个无线密码保险箱。

一、本课所需的硬件

硬件：核心板 2 块、便携式扩展板 2 块。

功能使用：核心板上的芯片和无线传输模块，便携式扩展板上的 LED 矩阵，蜂鸣器，按键 A 和按键 B。

二、本课所需的程序模块（表 5-3）

表 5-3　所需程序模块

序号	程序模块组	程序模块图标	程序模块功能
1	基本	当开机时	“当开机时”是一个特殊事件，相当于编程逻辑中的“开始”，它在程序运行时处在所有其他事件之前。使用该事件来初始化程序
2	基本	暂停 (ms) 100 ▾	暂停程序，时长为所设置的毫秒数。
3	基本	清空屏幕	将屏幕显示的内容清空，准备显示下一个内容。
4	基本	无限循环	“无限循环”命令启动后，不停地运行代码。
5	基本	显示 LED	在 LED 屏幕上显示字符、数字或图形。
6	控制	重置	重新设置程序模块。
7	变量	将 item ▾ 设为 0	将 item 设置变量为某事物或项目。
8	变量	item ▾	设置变量为任何事物或项目。
9	逻辑	0 = ▾ 0	如果两个输入值或变量相等，则返回真（true）。

10	逻辑	如果为 true ▾ 则 ⊕	如果值或条件为真（true），执行则中的代码。
11	逻辑	true ▾	判断某些语句为真。
12	逻辑	false ▾	判断某些语句为假。
13	输入	当按钮 A ▾ 被按下时	当按下再松开按钮（A、B 或同时按下 A+B）时执行操作。
14	无线	在无线接收到数据时运行 receivedNumber ▾	当收到无线数字后执行下列命令。
15	无线	无线设置组 1	设置无线通讯的组 ID。
16	无线	无线发送数字 0	通过无线发送数字。
17	音乐	播放音调 中 C 持续 1 ▾ 节拍 节拍	按指定的音调和节拍播放声音。

三、本课涉及的编程逻辑

给密码箱（接收判断组件）设置密码，通过遥控器（编辑发送组件）发送密码；密码箱接收到信号后进行密码比对（判断正确与否）。

第一阶段： 发送端设置。

1. 建立变量密钥。

当开机时，将变量密钥设置为 0，建立无线设置组 ID 设为 1，LED 矩阵显示当前密钥数字。如图 5–35。

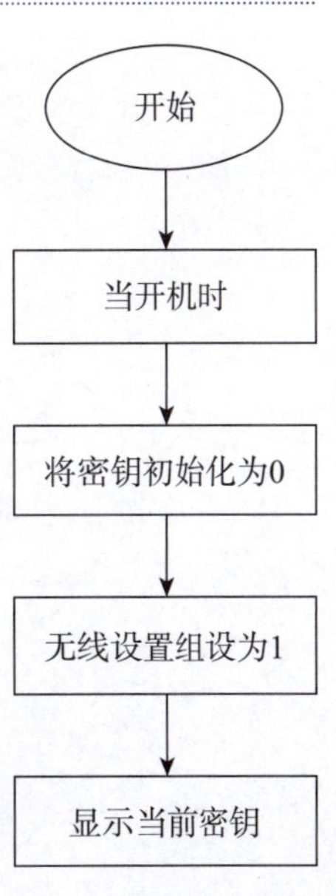

图 5 – 35　编程逻辑

2. 设置密钥变量。

按 A 键，密钥数字按照 1 递增，密钥数字大于 4（可更大，本处为了便于实验），则密钥重新回到 1；当密钥数字小于 4 时，显示当前密钥数字。如图 5–36。

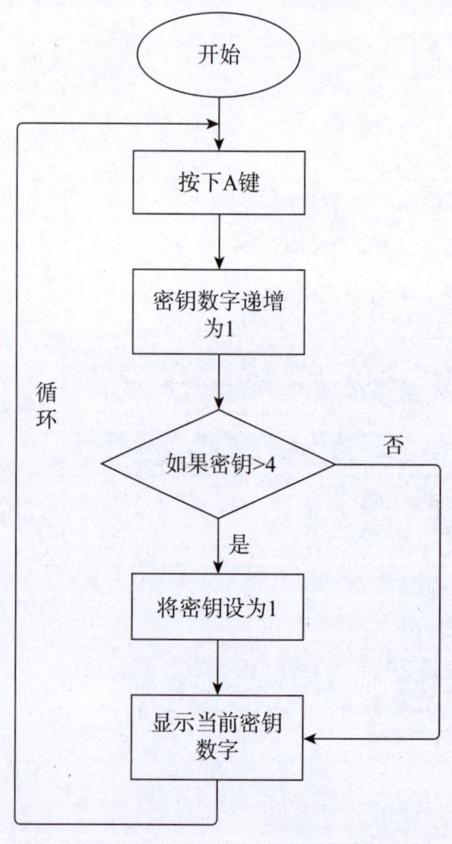

图 5 – 36　编程逻辑

3. 密钥发送设置。

按下 B 键，发送当前密钥数字，并显示密钥的图形。如图 5–37。

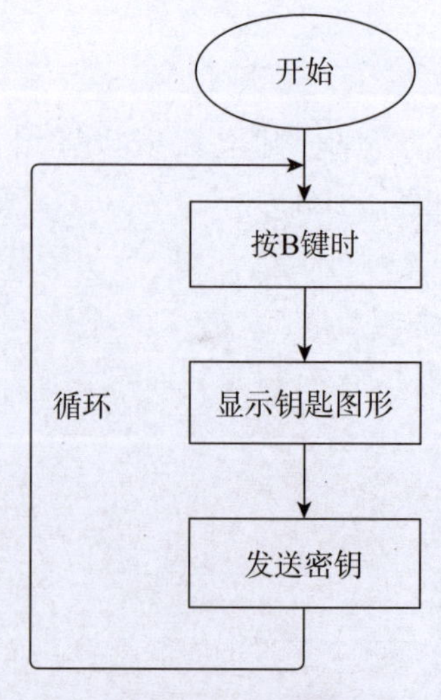

图 5 – 37　编程逻辑

第二阶段： 接收端设置。

1. 接收密码设置。

当开机时，建立无线设置组 ID，设置 received（接收）为假，Alarm（报警）为假。如图 5–38。

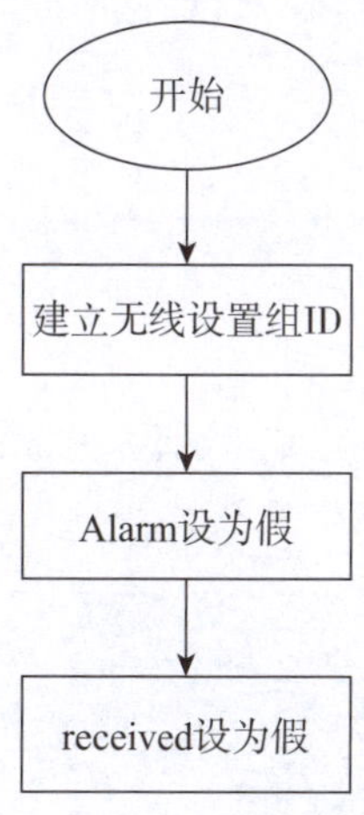

图 5－38　编程逻辑

2. 判断密码是否正确。

在无线接收数据运行时，将数字 3 设置为开箱的正确密码（在实际编程中，可以根据个人喜好，在发送端规定的数字范围内任意设定），接收到数字 3 时，Alarm（报警）为真，LED 灯显示“√”图标；接收到其他数字时，Alarm（报警）为假，LED 灯显示“锁”图标，播放音调中 C 持续 1 节拍。如图 5–39。

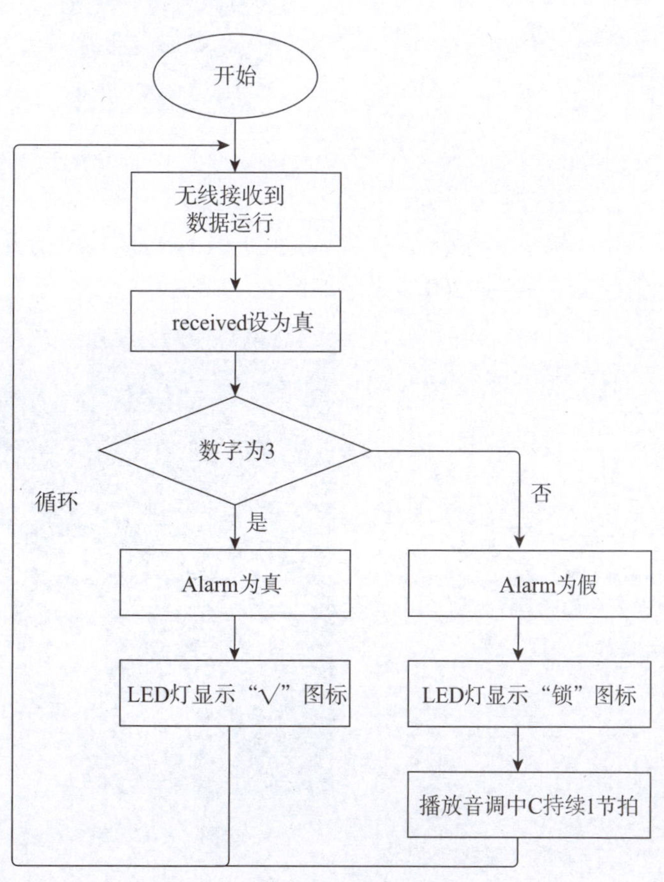

图 5－39　编程逻辑

3. 设置重置。

不需要保险箱一直警报时，设置接收端按键 A 为重置，恢复到原来状态。如图 5–40。

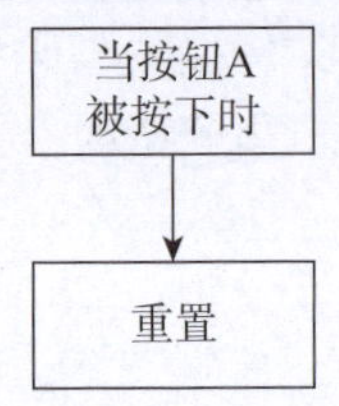

图 5－40 编程逻辑

四、本课实施的编程步骤

第一阶段： 发送端设置。

1. 建立变量密钥。

当开机时，将变量设为 key（密钥），数值为 0；无线设置组为 1，显示数字为 key。如图 5–41 所示：

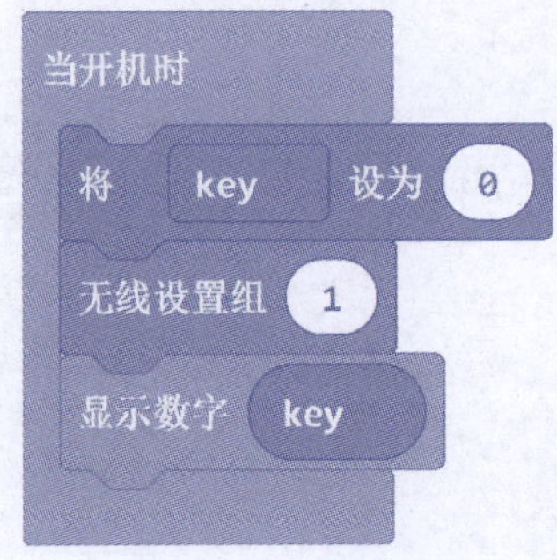

图 5－41 编程步骤

2. 设置密钥变量。

当按下 A 键时，以 1 为幅度更改 key，如果 key 大于 4，则将 key 重新设为 1，显示数字 key，暂停 200 毫秒。如图 5–42 所示：

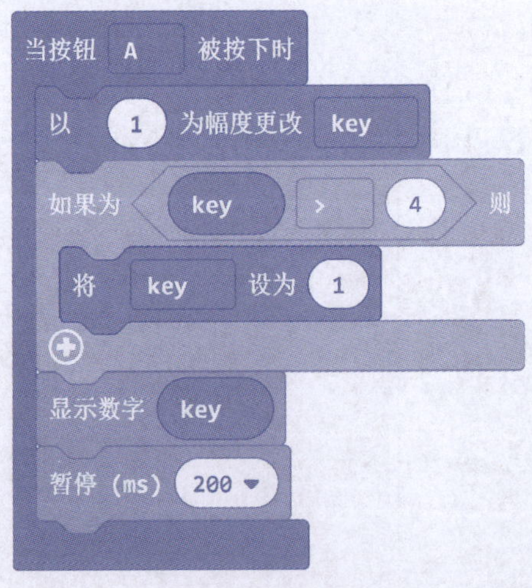

图 5－42 编程步骤

3. 设置发送密钥。

当按下 B 时，显示图标（可以自己设置），暂停 750 毫秒，无线发送数字 key。如图 5–43 所示：

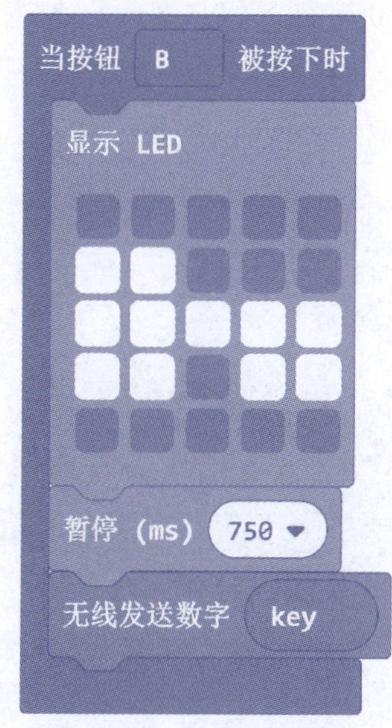

图 5－43　编程步骤

第二阶段： 接收端设置。

1. 设置接收密码。

当开机时。开机时无线设置组为 1，将变量 Alarm（报警）设置为 false（假），将 received（接收）设为 false。如图 5–44 所示：

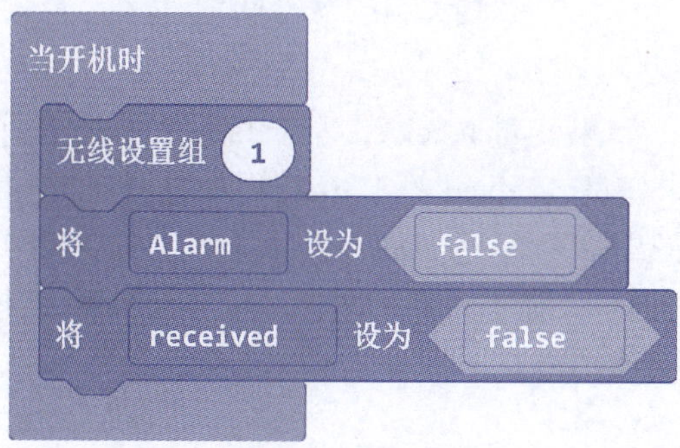

图 5－44　编程步骤

2. 判断密码是否正确。

（1）判断密码。

将 received 设为 true（真），如果 receivedNumber（接收数字）等于 3 时，则将 Alarm 设为逻辑里的 true，否则暂停 400 毫秒，将 Alarm 设为逻辑里的 false，清空屏幕，暂停 500 毫秒。如图 5–45 所示：

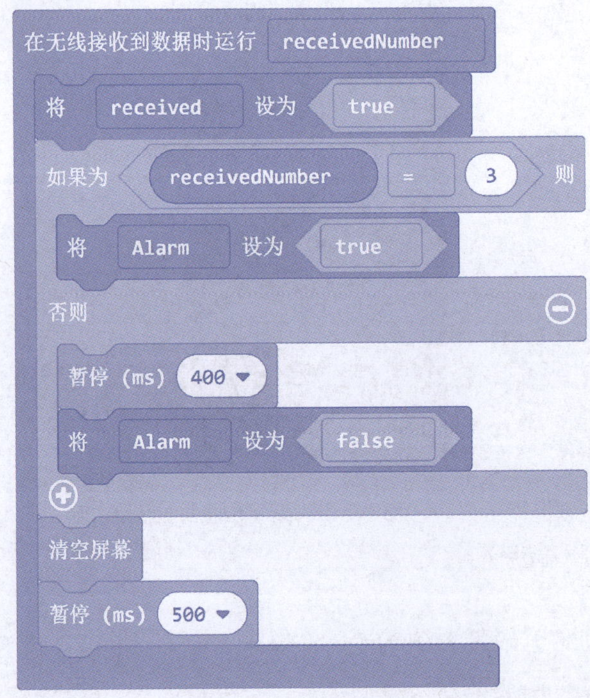

图 5－45　编程步骤

（2）显示判断结果。

在无限循环状态下，如果变量 received 等于 false（无线没有接收到数字），则显示图案（可自行编辑）；如果变量 received 等于 true，再次进行判断，如果变量 Alarm 等于 true（无线接收到的数字是密码），则显示“√”图案（可自行编辑），否则 Alarm 等于 false（无线接收到的数字不是密码），显示设置的图标（可自行编辑），播放中 C 音调 1 个节拍，暂停 200 毫秒。如图 5–46 所示：

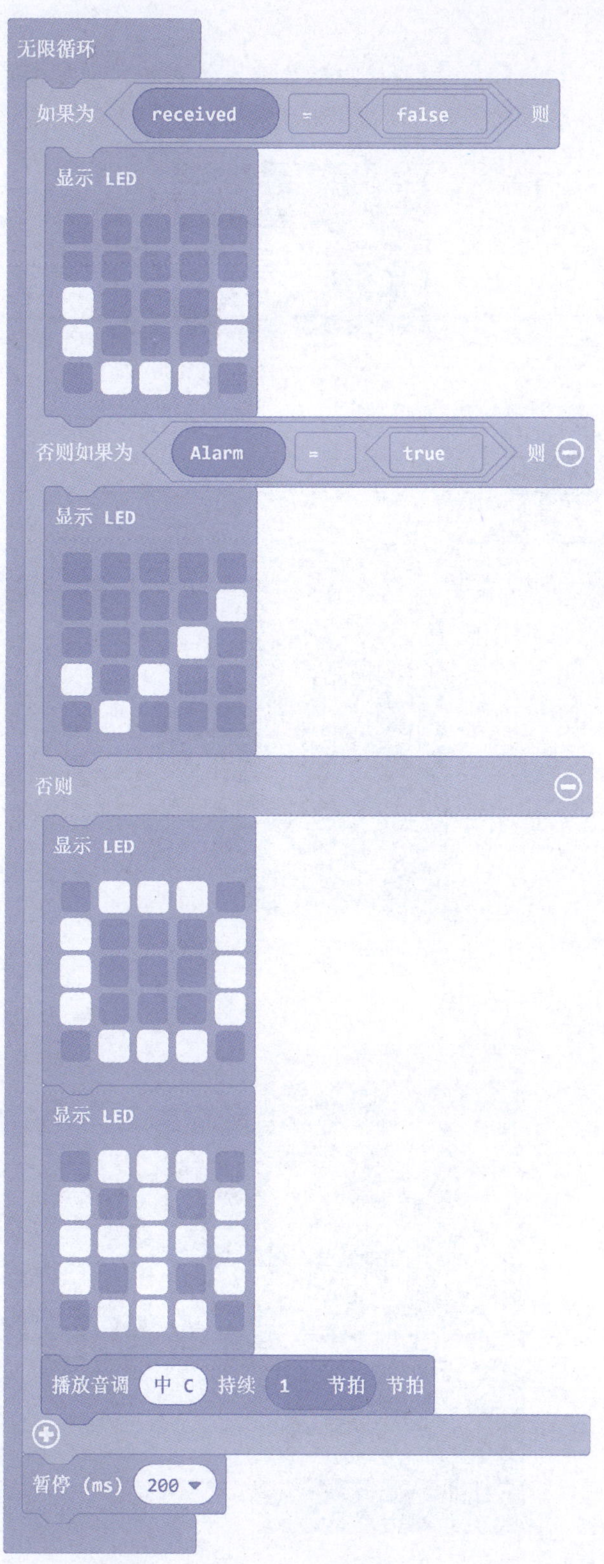
无限循环
如果为 received = false 则
显示 LED
否则如果为 Alarm = true 则
显示 LED
否则
显示 LED
显示 LED
播放音调 中 C 持续 1 节拍 节拍
暂停 (ms) 200

图 5-46 编程步骤

3. 设置重置。

不需要保险箱一直警报时，设置接收端按键 A 为重置，恢复到原来状态。如图 5-47 所示：

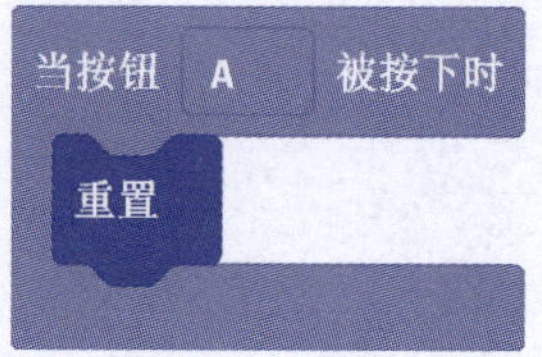

图 5-47　编程步骤

五、本课的参考代码

第一阶段： 发送端设置。

1. 建立变量密钥。如图 5-48。

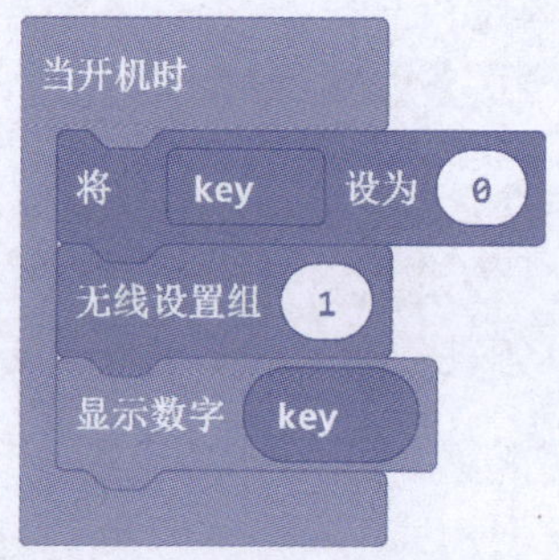

图 5-48　参考代码

2. 设置变量密钥。如图 5-49。

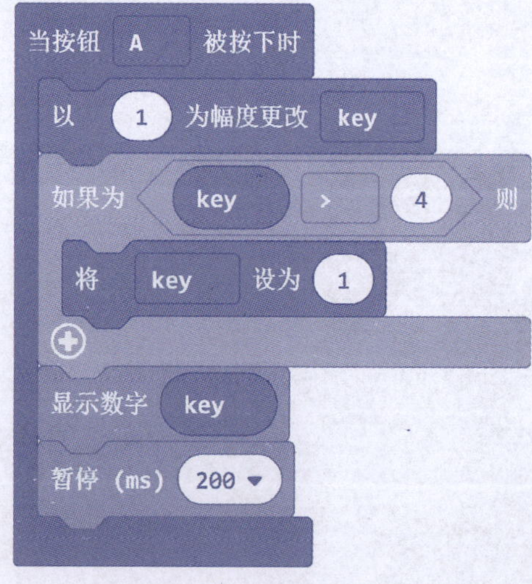

图 5-49　参考代码

3. 设置发送密钥方法。如图 5-50。

图 5－50 参考代码

第二阶段： 接收端设置。

1. 设置接收密码。如图 5-51。

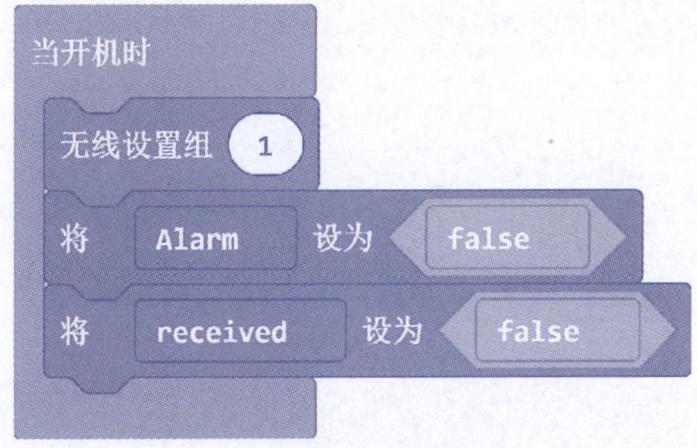

图 5－51 参考代码

2. 判断密码是否正确。

（1）判断密码。如图 5-52。

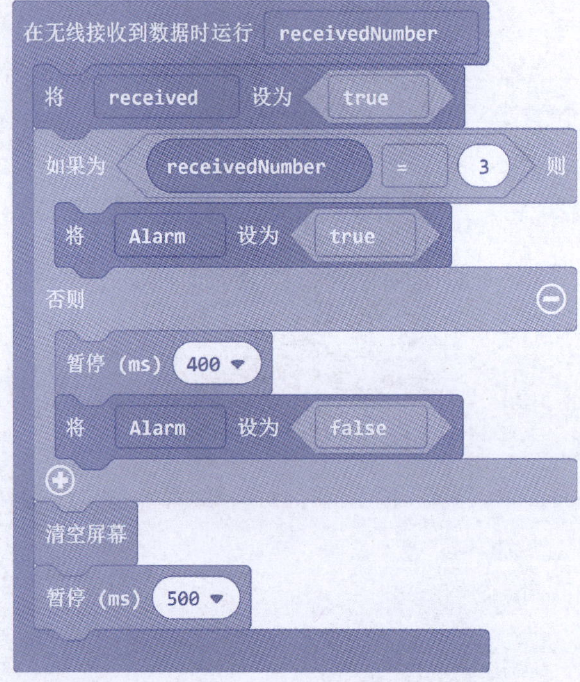

图 5-52 参考代码

（2）显示判断结果。如图 5-53。

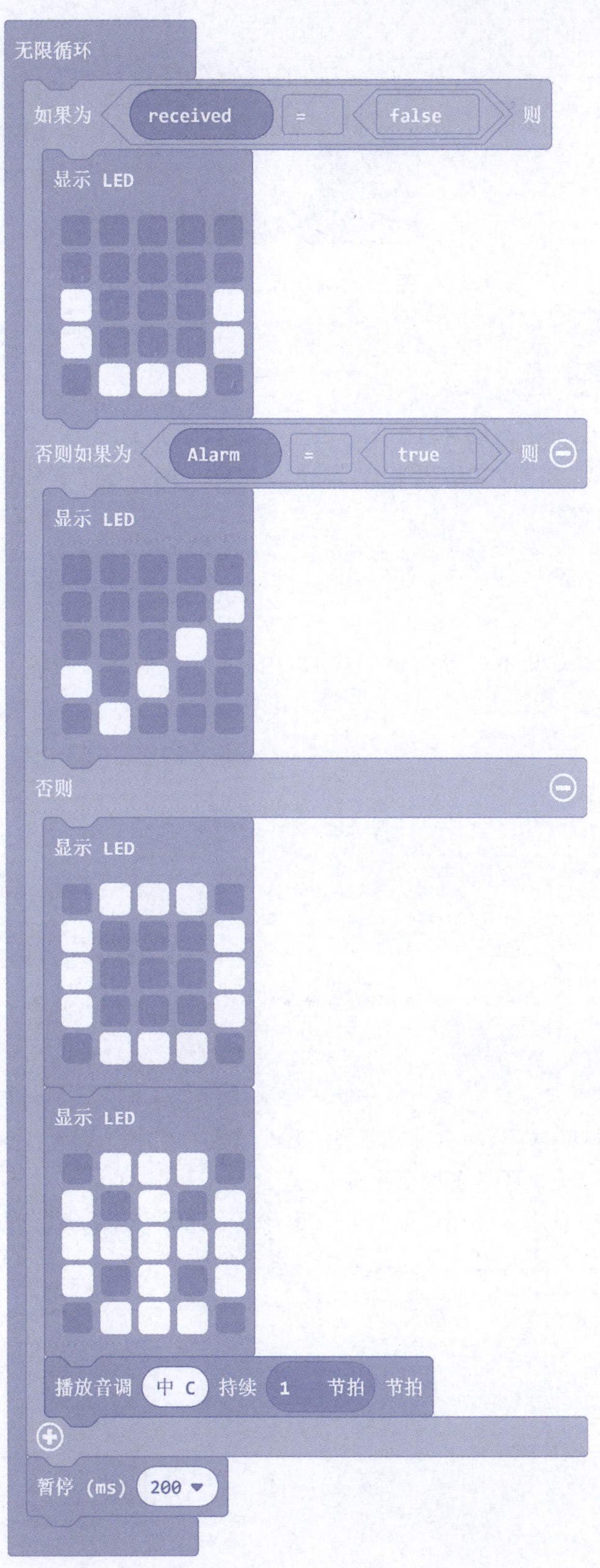
无限循环
如果为 received = false 则
显示 LED
否则如果为 Alarm = true 则
显示 LED
否则
显示 LED
显示 LED
播放音调 中 C 持续 1 节拍 节拍
暂停 (ms) 200

图 5 - 53 参考代码

3. 设置重置。如图 5-54。

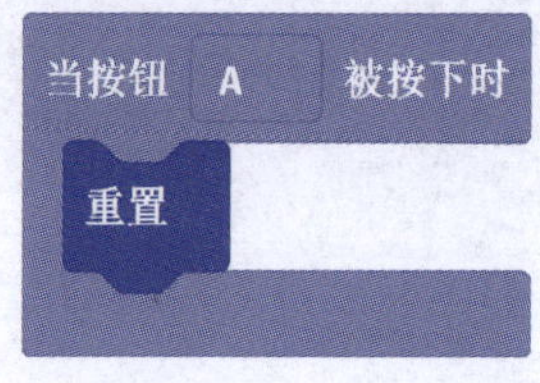

图 5-54　本课参考代码

六、提升训练

请根据本课所学知识，结合自己的观察，完成下列练习：

将无线密码箱发送端设置成英文字母的形式发送，接收端通过对英文字母的对比来控制密码箱的打开状态。

七、思考题

无线密码保险箱如果不设置重置，还可以用什么方式解除警报？

遥控器的发展

遥控器的产生，目的是为了让用户方便，可以远距离操作。遥控器从诞生到今天已经有近 70 年的历史了。世界上第一款电视遥控器是一款有线的遥控器，它有一个特别贴切的名字——Lazy Bones（懒骨头），通过线缆连接到电视进行控制，这样的使用体验并不方便，于是出现了无线遥控器。

无线遥控器在技术上不断更新迭代，由原来的光线遥控到后来的超声波遥控，再到后来的红外和超声波共同控制，使遥控器成为生活中不可替代的工具。

第 5.4 课　猜丁壳游戏Ⅱ（双人游戏）

之前我们已经编写过一个猜丁壳的程序。我们是通过摇动硬件，让它随机产生剪刀、石头、布，最后比较输赢是由我们人来判断的。那么今天，我们要做一个更复杂的猜丁壳游戏，要让主板来判断输赢，是不是很酷？让我们一起来制作双人猜丁壳游戏吧，看看谁是最终的王者。

一、本课所需的硬件

硬件：核心板 2 块、便携式扩展板 2 块。

功能使用：核心板上的芯片、无线模块，便携式扩展板上的加速度地磁传感器，LED 矩阵。

二、本课所需的程序模块（表 5–4）

表 5–4 所需程序模块

序号	程序模块组	程序模块图标	程序模块功能
1	基本	当开机时	“当开机时”是一个特殊事件，相当于编程逻辑中的“开始”，它在程序运行时处在所有其他事件之前。使用该事件来初始化程序
2	无线	无线设置组 1	设置无线通讯的组 ID。
3	输入	当 振动 ▾	完成特定动作（如晃动硬件）时执行操作。
4	变量	将 item ▾ 设为 0	将 item 设置变量为某事物或项目。
5	逻辑	0 = ▾ 0	如果两个输入值或变量相等，则返回真（true）。
6	逻辑	如果为 true ▾ 则 ⊕	如果值或条件为真（true），执行则中的代码。
7	数学	选取随机数，范围为 0 至 10	选择 0 到“无限值”之间的随机数。
8	无线	无线发送数字 0	通过无线发送数字。
9	无线	无线设置发射功率 7	调节无线设置发射功率大小。
10	逻辑	非	不是。

11	无线	在无线接收到数据时运行 receivedNumber	当收到无线数字后执行下列命令。
12	基本	显示 LED	在 LED 屏幕上显示字符、数字或图形。
13	函数	函数 新建函数	新建一个函数。
14	函数	调用函数 新建函数	调用指定的函数。
15	基本	显示字符串 "Hello!"	在 LED 屏幕上显示一个字母，如果有一个以上的数字就会向左滚动。
16	变量	将 item 设为 0	将 item 设置变量为某事物或项目。
17	逻辑	0 = 0	如果两个输入值或变量相等，则返回真（true）。
18	逻辑	如果为 true 则	如果值或条件为真（true），执行则中的代码。
19	音乐	播放旋律 dadadum 重复 播放一次	按指定方式播放指定旋律。
20	基本	无限循环	“无限循环”命令启动后，程序不停地运行代码。

三、本课涉及的编程逻辑

基本思路：两个主机，各自随机产生“剪刀、石头、布”，将出拳结果（生成的信息）发送到对方，各主机接收到对方出拳结果后和本方的出拳结果进行比对，显示输赢。

1. 设置开机。

当开机时，建立无线设置组为 1，发射功率为 7，将玩家初始化为 0，已出拳设置为假（false），已收到初始化为假（false）。如图 5-55。

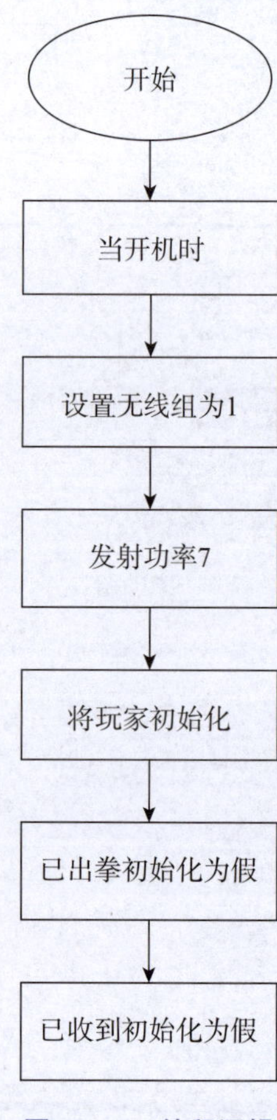

图 5－55　编程逻辑

2. 设置数据发送。

当摇动硬件后，已出拳设置为假（false），清空屏幕。通过振动主板玩家随机获得 0 至 2 之中的任意一个值，如果玩家的随机数为 0，显示剪刀，如果不是，继续判断，如果玩家的随机数是 1，就显示石头，如果不是，就显示布，最后将这个结果用无线发送给一起玩的另一个玩家设备。将已出拳设置为真。如图 5–56。

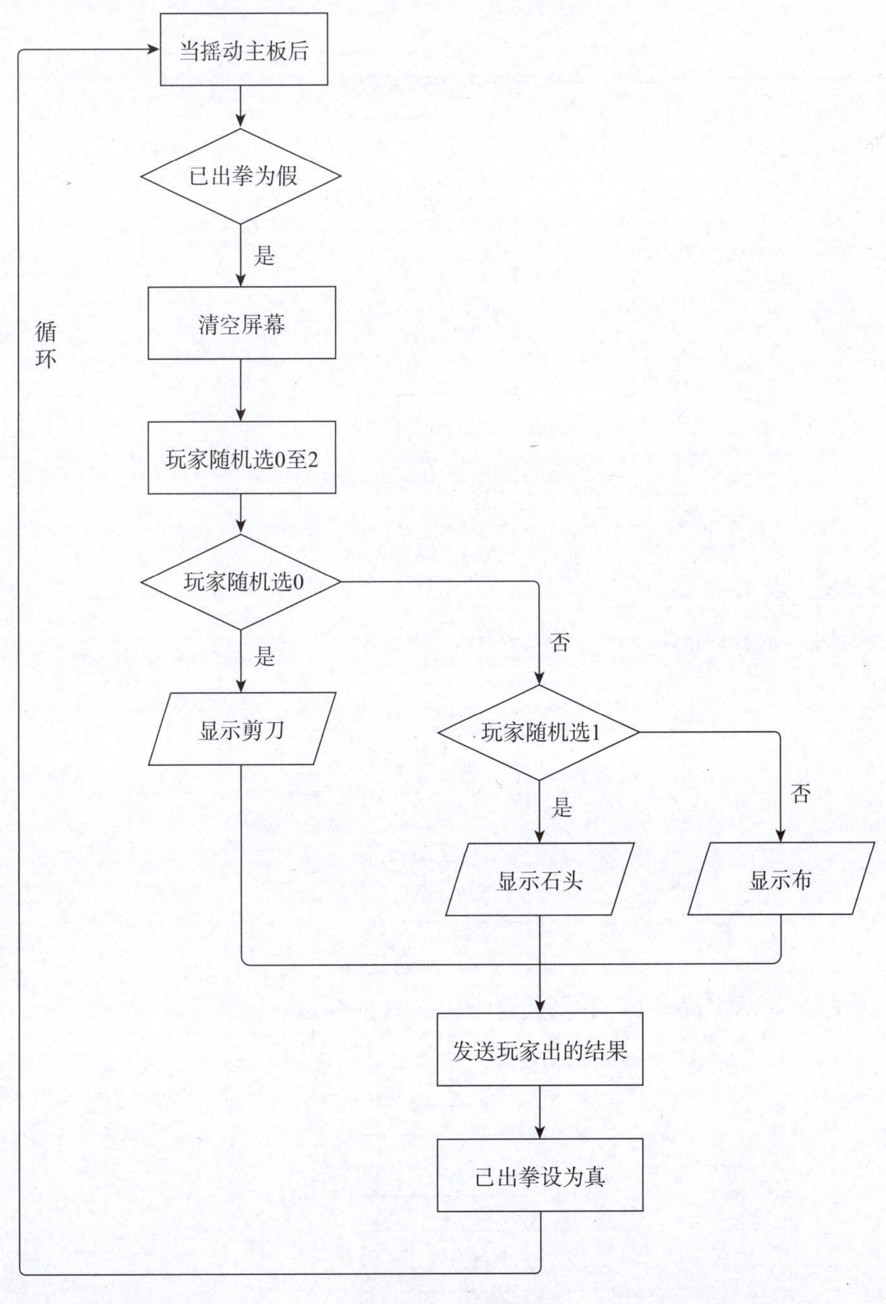

图 5 – 56　编程逻辑

3. 设置数据接收。

在无线接收到数据时运行，如果没有接收，则将对手设为接收数字，已收到设置为真。如图 5–57。

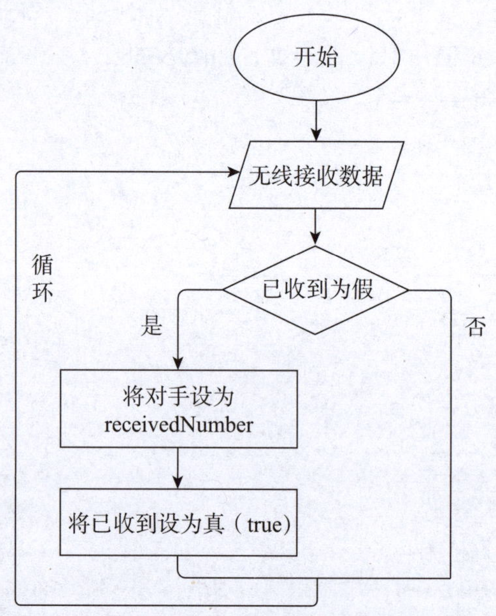

图 5 – 57　编程逻辑

4. 建立组合函数。

函数成功，显示字符串 win，播放音乐。如图 5–58。

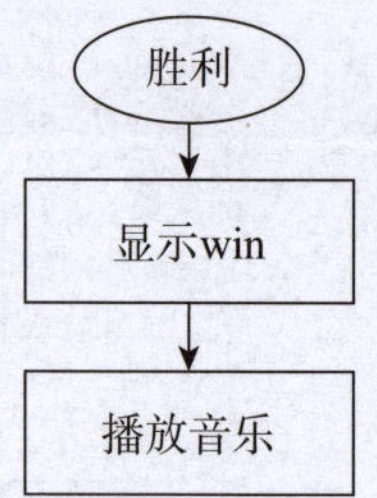

图 5 – 58　编程逻辑

函数失败，显示字符串 lose，播放音乐。如图 5–59。

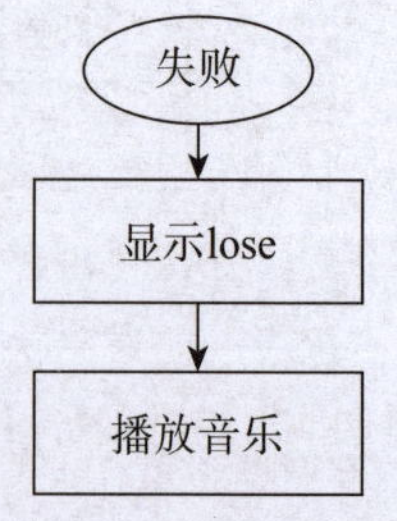

图 5 – 59　编程逻辑

5. 判断输赢。

当开始后，玩家和对手都出拳后，如果双方出拳结果一样，就显示 D，否则继续判断。如果玩家出剪刀，对手出石头，就显示玩家失败（对手胜利）；否则玩家出石头，对手出布，则显示玩家失败（对手胜利）；如果玩家出布，对手出剪刀，玩家失败（对手胜利）；对手没有出剪刀，玩家胜利（对手失败）。最后设置玩家已出拳为假，对手已出拳为假。如图 5-60。

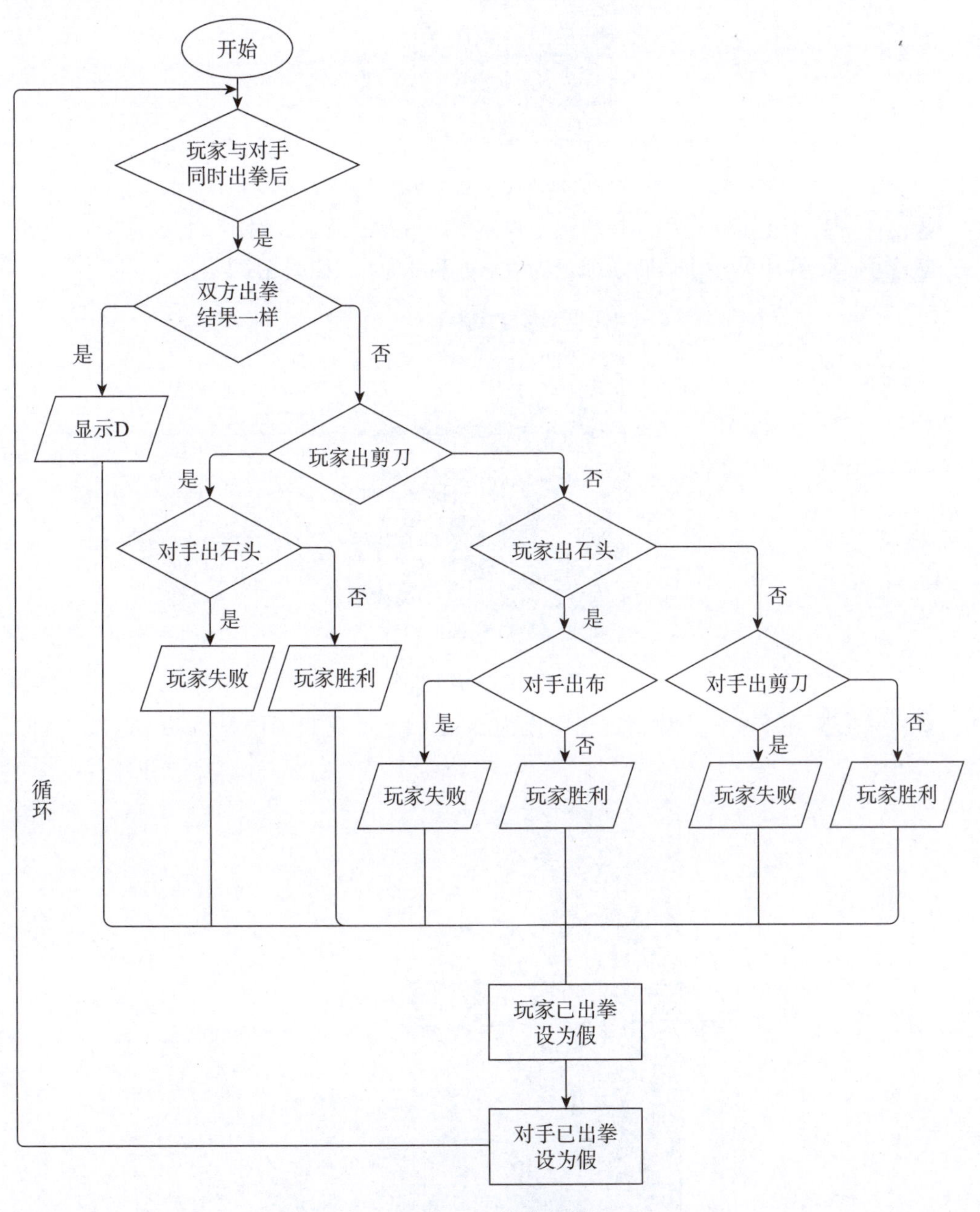

图 5-60 编程逻辑

四、本课实施的编程步骤

1. 设置开机。

第一步： 当开机时，无线设置组设为 1，无线设置发射功率为 7。如图 5-61。

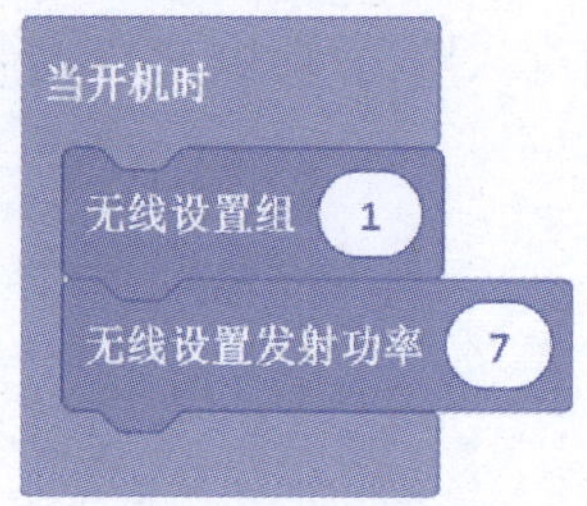

图 5－61　编程步骤

第二步： 在【变量】程序模块组中设置四个变量：玩家，对手，已出拳，已收到。

第三步： 在【变量】里将玩家设为 0，对手设为 0。如图 5-62。

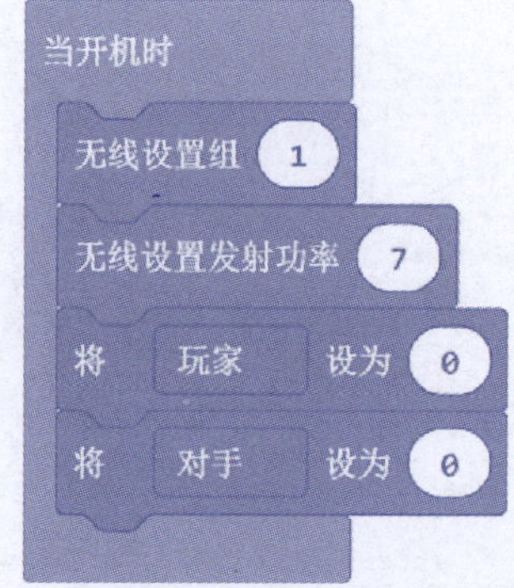

图 5－62　编程步骤

第四步： 在【变量】里将已出拳设为 false（假），已收到设为 false（逻辑非 / 假）。如图 5-63。

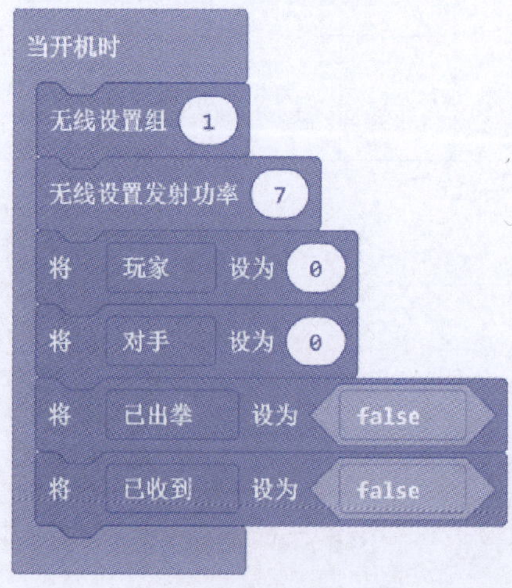

图 5－63　编程步骤

2. 设置数据发送。

第一步：如果在非已出拳下，将玩家设为选取 0 至 2 的数字。如图 5-64。

图 5 - 64 编程步骤

第二步：如果玩家等于 0 时，则显示图像剪刀。如图 5-65。

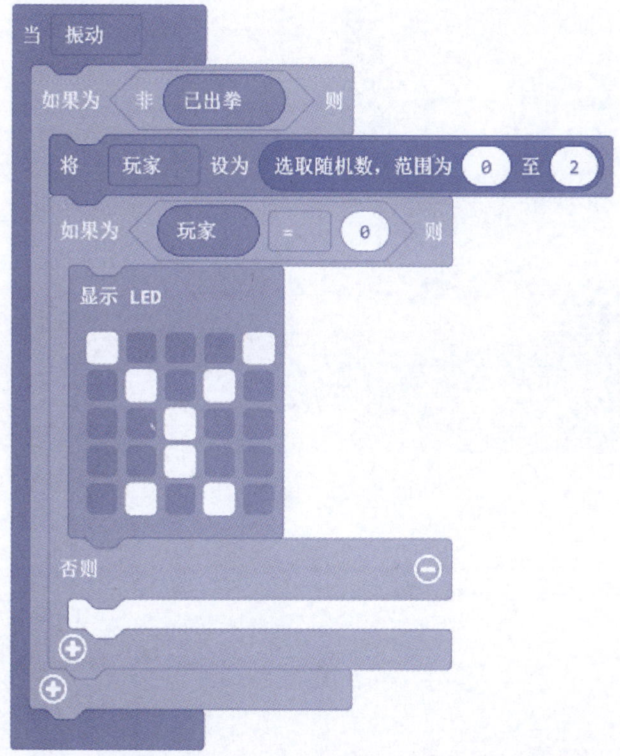

图 5 - 65 编程步骤

第三步：否则如果玩家等于 1 时，则显示图像石头。如图 5-66。

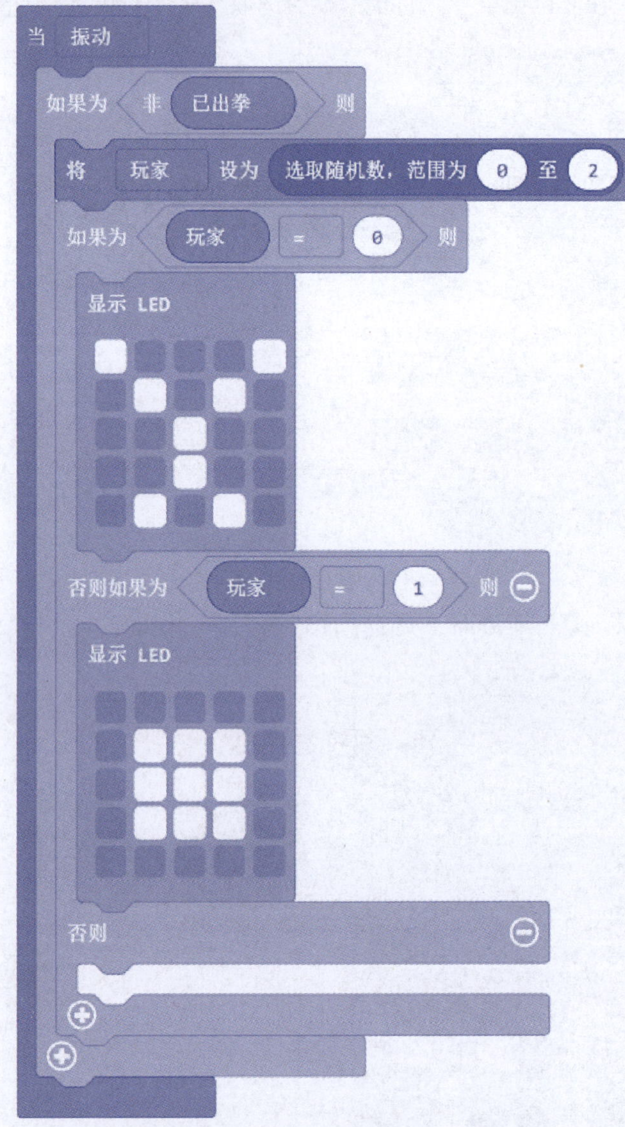

图 5－66　编程步骤

第四步： 否则显示图像布。如图 5-67。

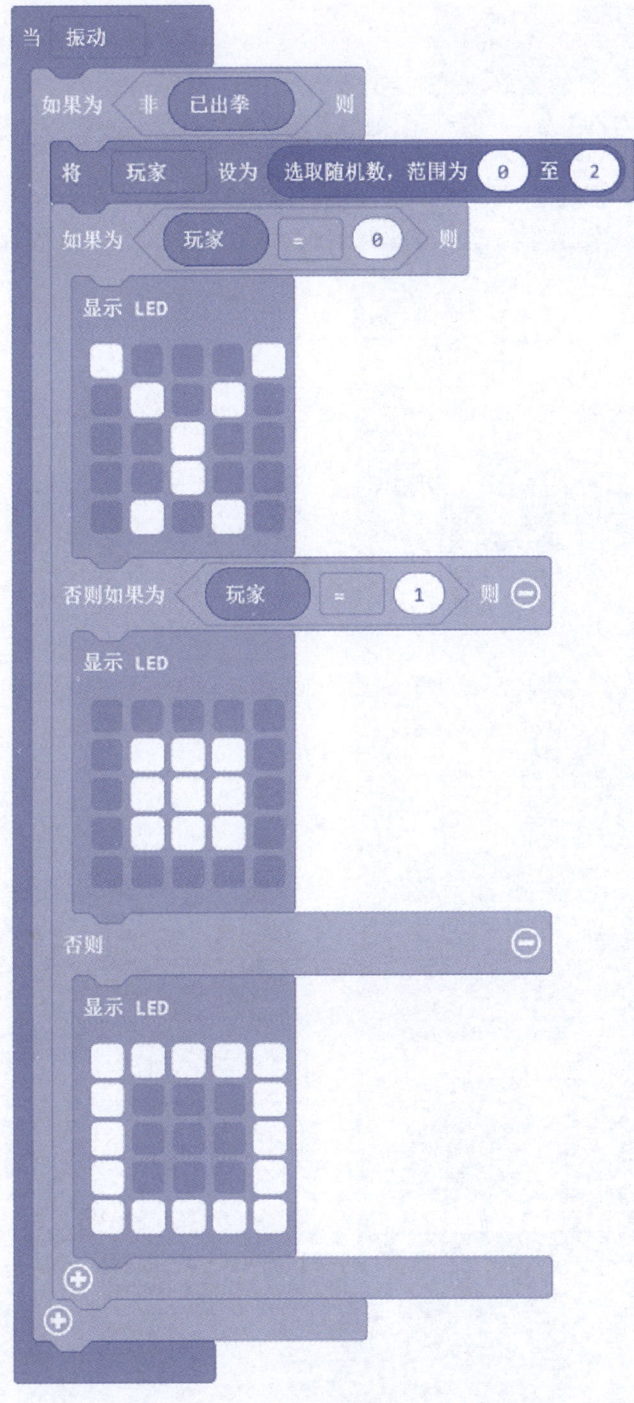

图 5－67　编程步骤

第五步： 用无线发送数据给其他玩家。如图 5-68。

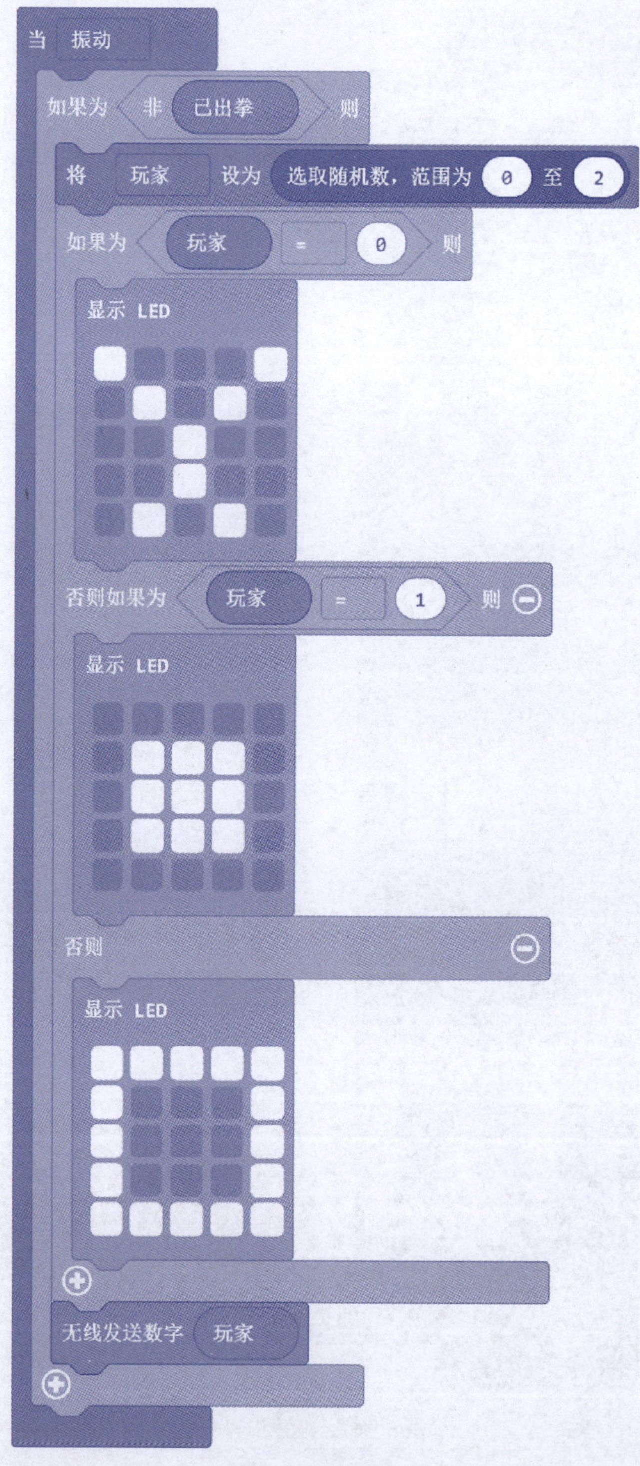

图 5-68　编程步骤

第六步： 将已出拳变量设为逻辑真（true）。如图 5-69。

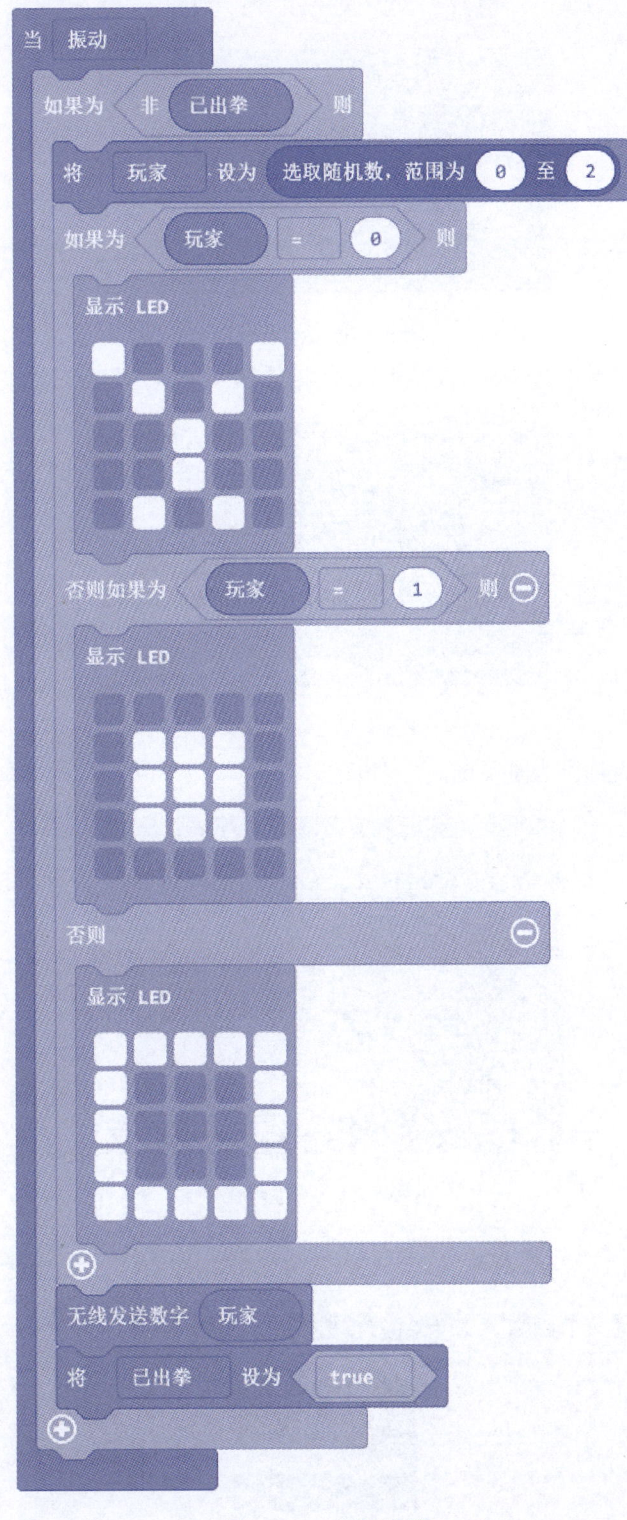

图 5-69 编程步骤

3. 设置数据接收。

第一步： 接收数据时，已收到设为假（false）。如图 5–70。

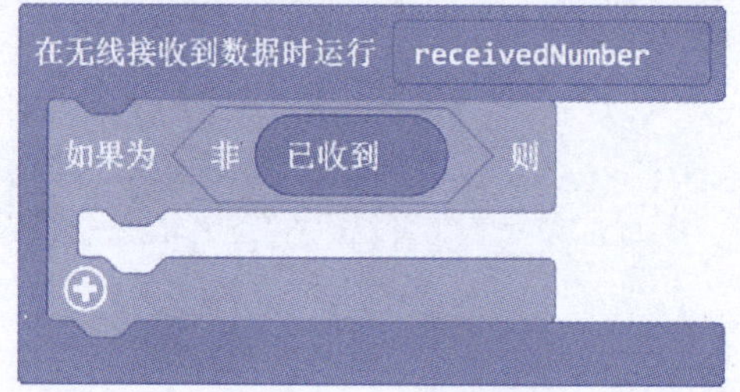

图 5 - 70　编程步骤

第二步： 将对手设为 receivedNumber（接收数字）。如图 5–71。

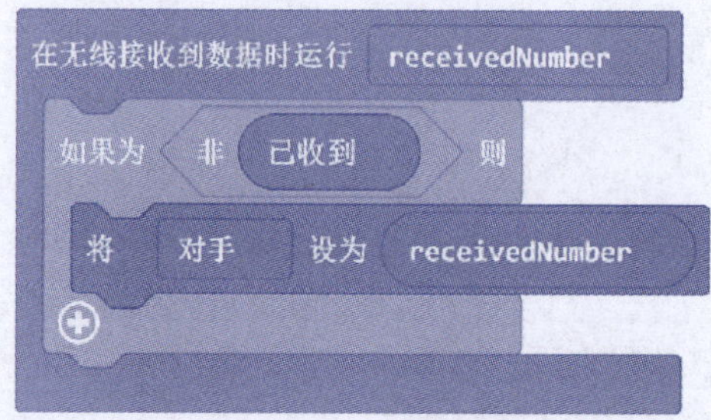

图 5 - 71　编程步骤

第三步： 已收到设为真（true）。如图 5–72。

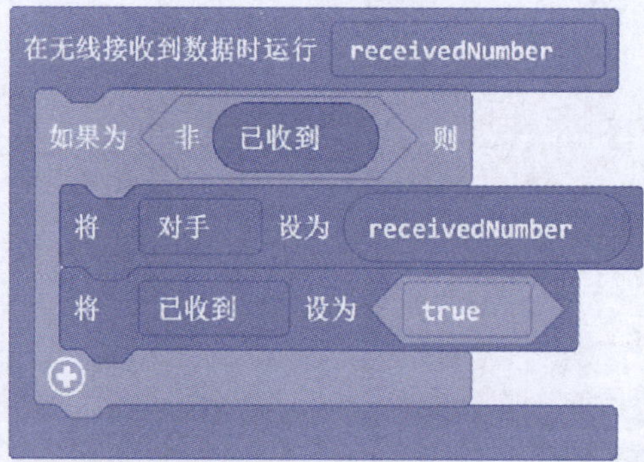

图 5 - 72　编程步骤

4. 建立组合函数。

胜利函数。

第一步： 建立一个函数，并取名为“胜利”。如图 5–73。

图 5 - 73　编程步骤

第二步： 显示胜利函数字符串“win”。如图 5-74。

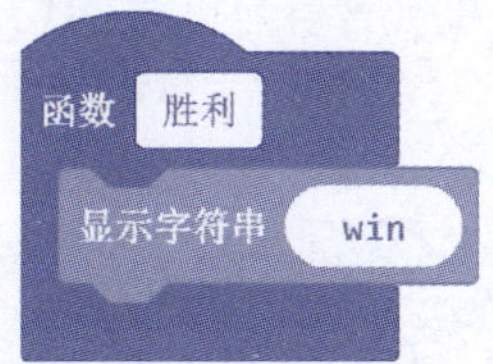

图 5-74 编程步骤

第三步： 以 1 为幅度更改变量并取名“计分器”。如图 5-75。

图 5-75 编程步骤

失败函数。

第一步： 建立一个函数，并取名为“失败”。如图 5-76。

图 5-76 编程步骤

第二步： 失败函数显示字符串失败“Lose”。如图 5-77。

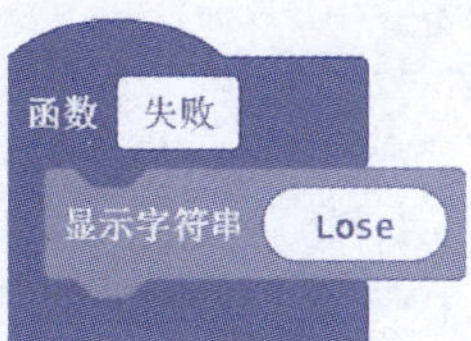

图 5-77 编程步骤

第三步： 播放音乐。如图 5-78。

图 5-78 编程步骤

5. 判断输赢。

第一步： 当无限循环时，如果已出拳与已收到均为真，执行下列语句。如图 5-79。

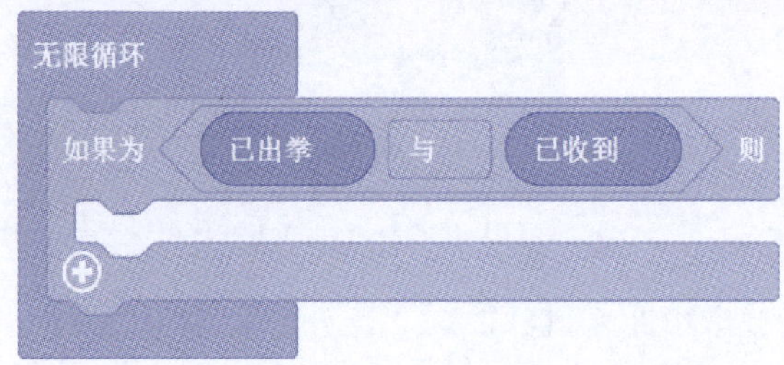

图 5-79　编程步骤

第二步： 则，如果玩家数值等于对手。如图 5-80。

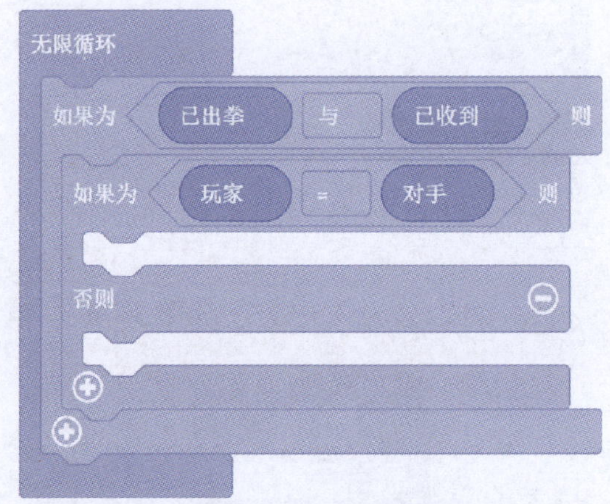

图 5-80　编程步骤

第三步： 则，显示字符串 D。如图 5-81。

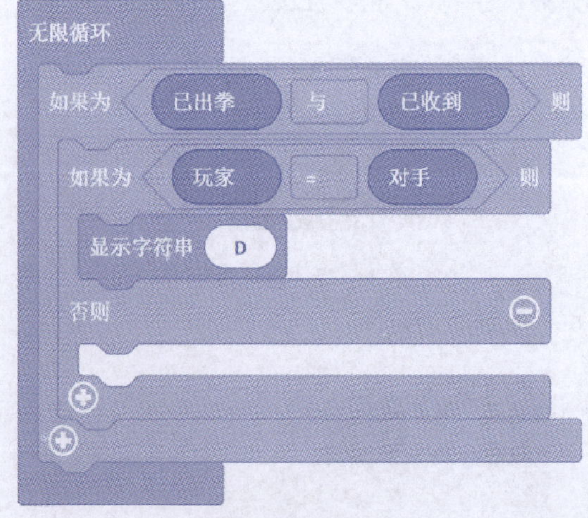

图 5-81　编程步骤

第四步： 否则，如果为玩家等于 0 时，对手等于 1，则调用函数失败，否则调用函数胜利。如图 5-82。

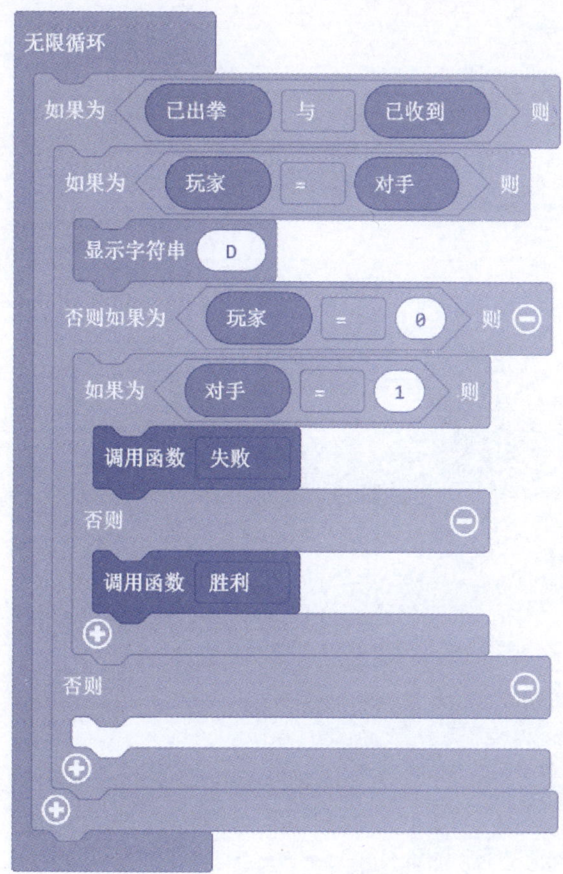

图 5－82　编程步骤

第五步： 否则，如果为玩家等于 1 时，如果对手等于 2，则调用函数失败，否则调用函数胜利。如图 5-83。

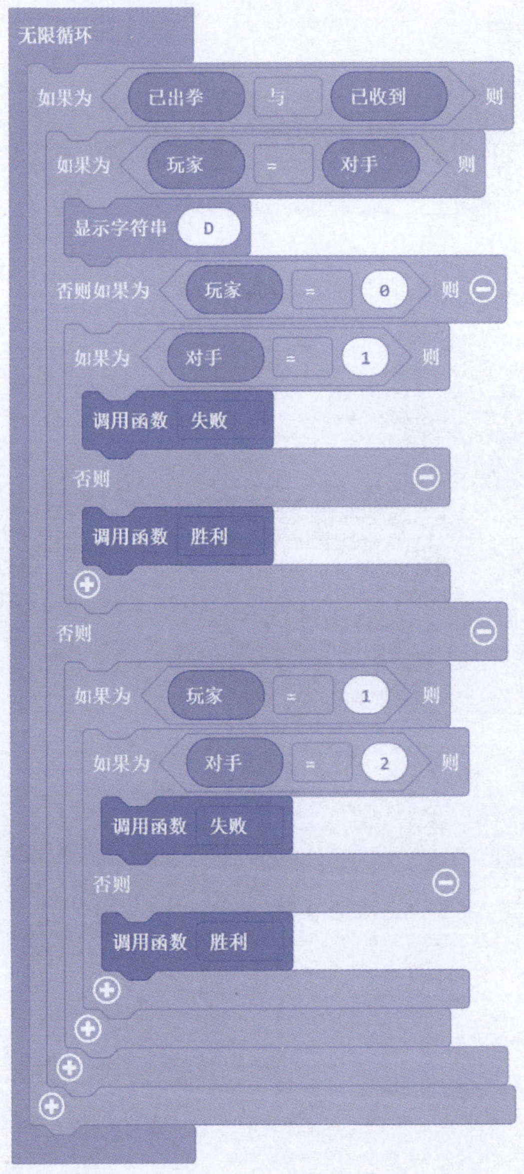

图 5-83 编程步骤

第六步： 否则，如果对手等于 0 时，调用函数失败，否则调用函数胜利。如图 5-84。

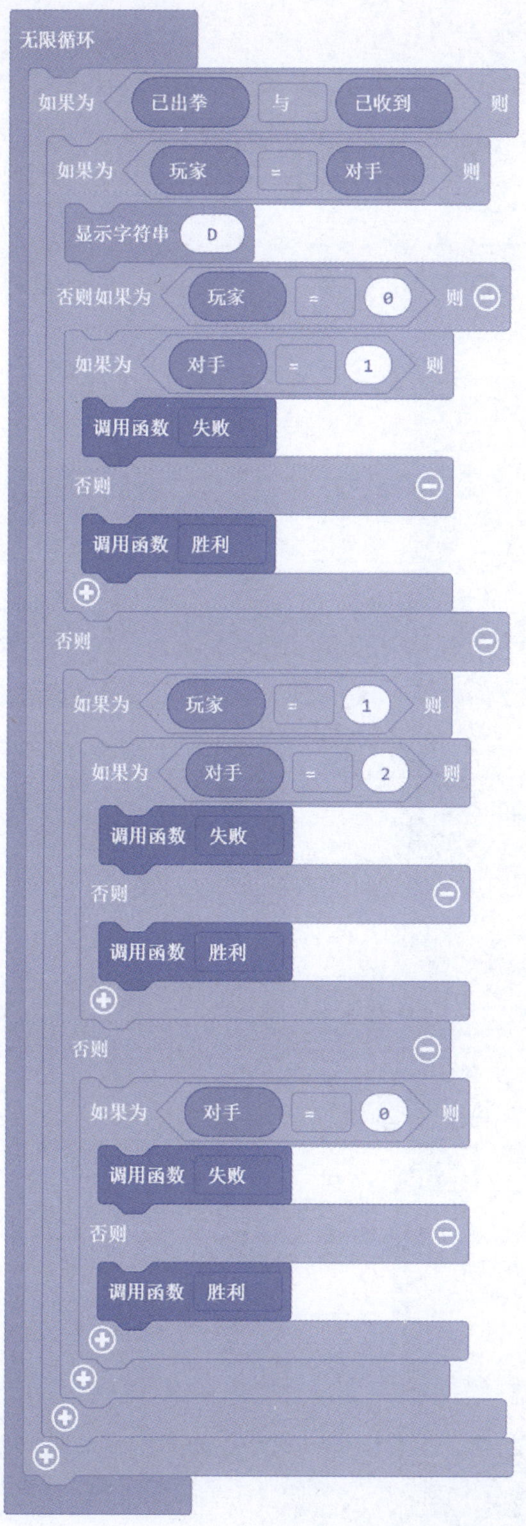

图 5 - 84　编程步骤

第七步： 将【变量】已出拳设为 false（逻辑非 / 假）。如图 5-85。

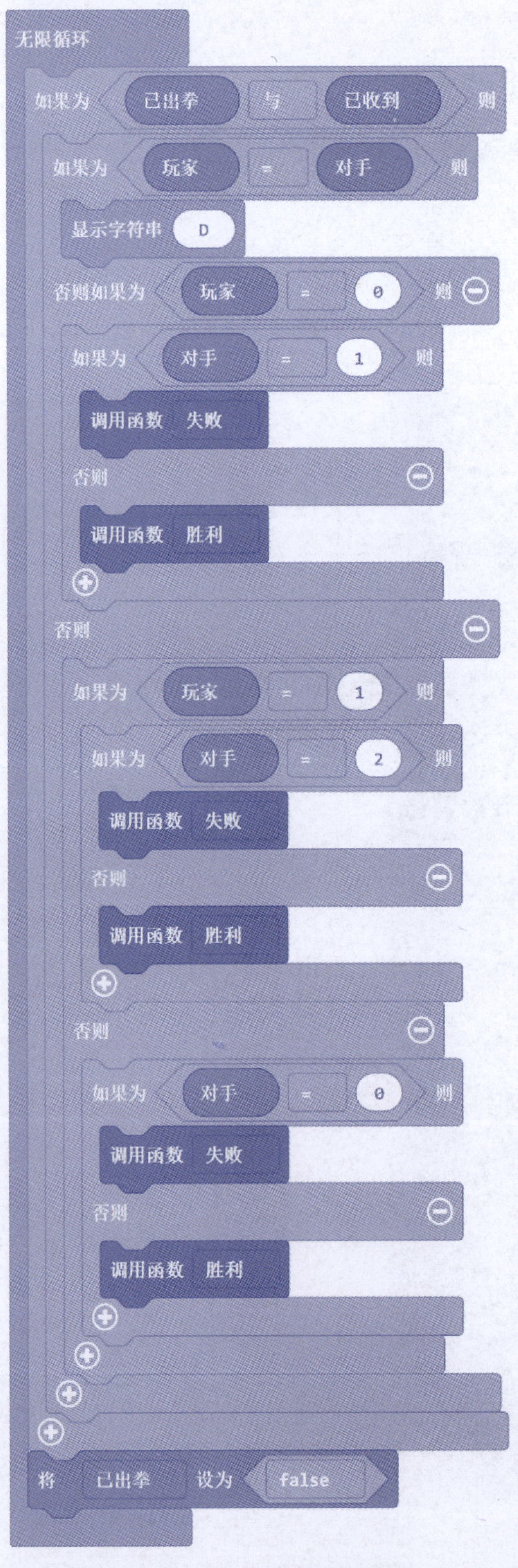

图 5－85 编程步骤

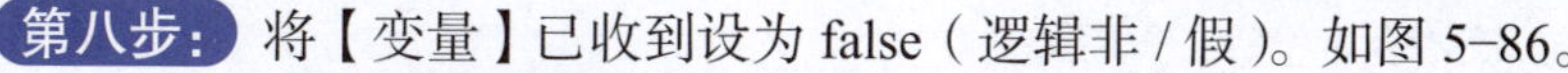

第八步： 将【变量】已收到设为 false（逻辑非 / 假）。如图 5-86。

图 5-86 编程步骤

五、本课的参考代码

1. 设置开机。如图 5-87。

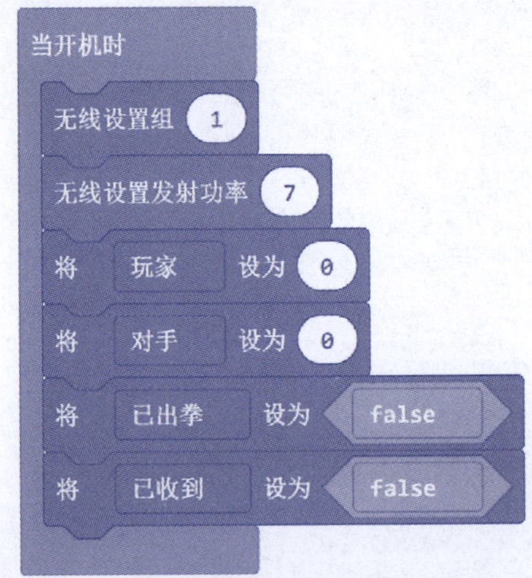

图 5 - 87 参考代码

2. 设置数据发送。如图 5-88。

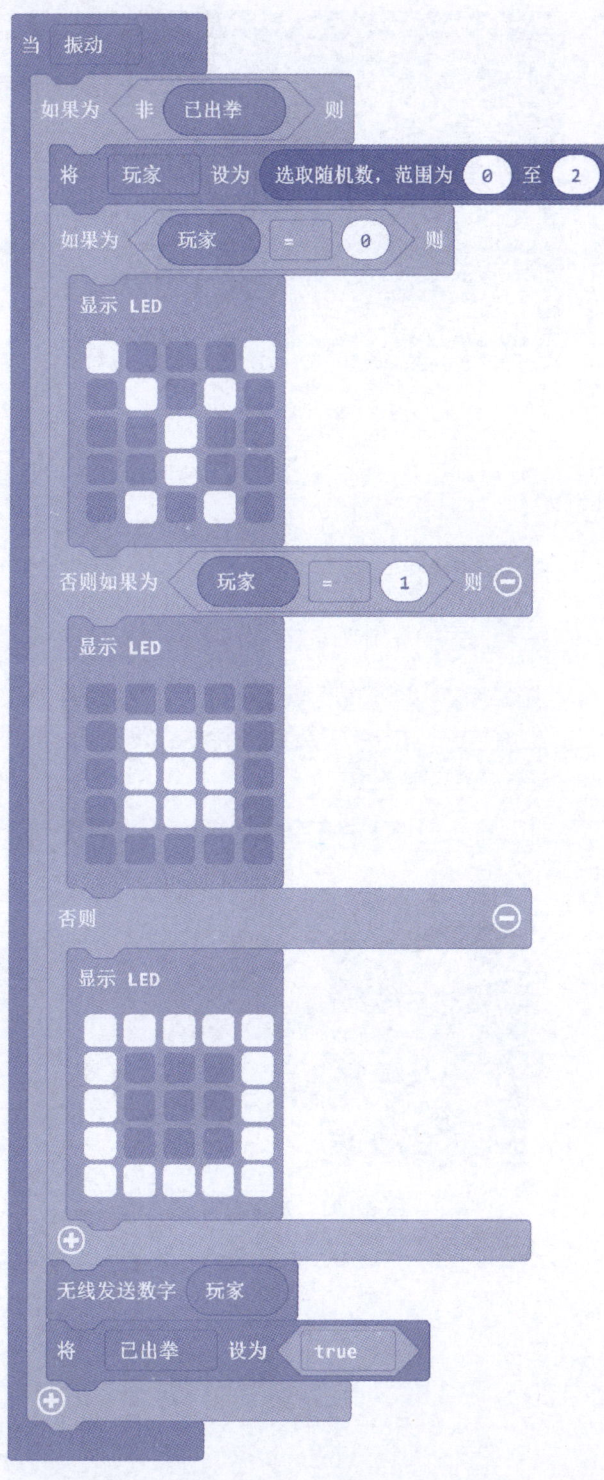

图 5-88 参考代码

3. 设置数据接收。如图 5-89。

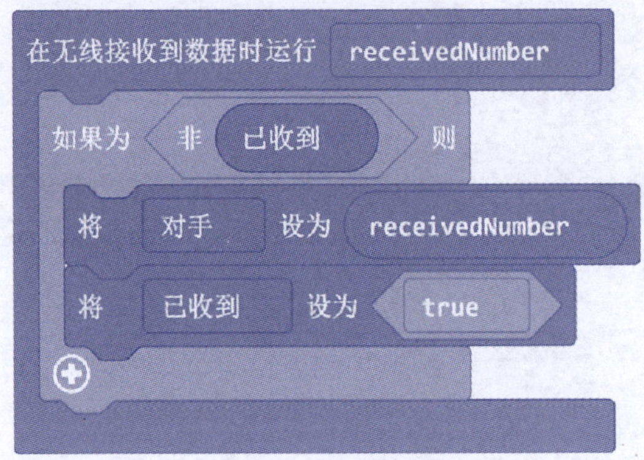

图 5-89　参考代码

4. 建立组合函数。

胜利函数。如图 5-90。

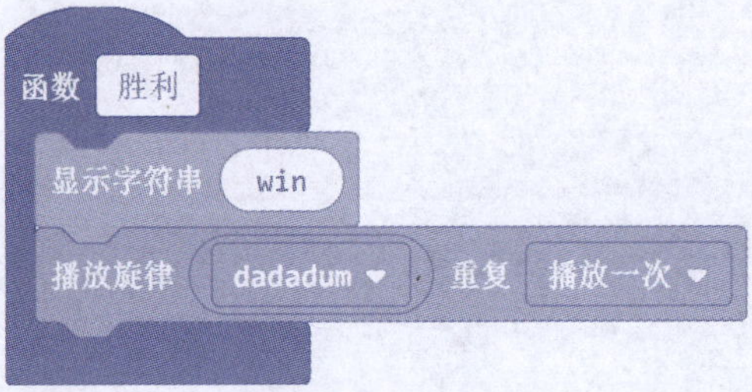

图 5-90　参考代码

失败函数。如图 5-91。

图 5-91　参考代码

5. 判断输赢。如图 5-92。

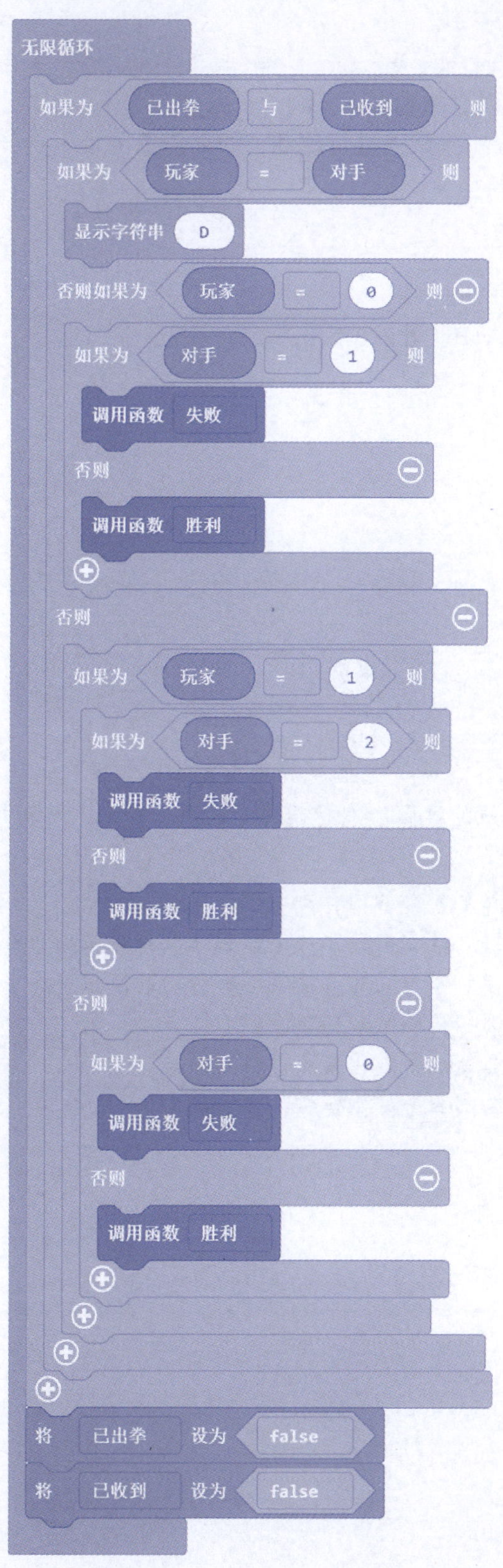

无限循环
如果为 已出拳 与 已收到 则
如果为 玩家 = 对手 则
显示字符串 D
否则如果为 玩家 = 0 则
如果为 对手 = 1 则
调用函数 失败
否则
调用函数 胜利
否则
如果为 玩家 = 1 则
如果为 对手 = 2 则
调用函数 失败
否则
调用函数 胜利
否则
如果为 对手 = 0 则
调用函数 失败
否则
调用函数 胜利
将 已出拳 设为 false
将 已收到 设为 false

图 5－92 参考代码

六、提升训练

请根据本课所学知识，结合自己的观察，完成下列练习：

对双人猜丁壳游戏，在原程序基础上进行改动，如果猜拳平手不得分，出剪刀赢得 1 分，出石头赢得 2 分，出布赢得 3 分。

七、思考题

能否通过按动 A、B 键或“A+B”键来控制出拳？

博弈

博弈本意是下棋。引申义是，在一定条件下，遵守一定的规则，一个或几个拥有绝对理性思维的人或团队，从各自允许选择的行为或策略中，进行选择并加以实施，并从中取得各自相应结果或收益的过程。有时候博弈也用作动词，特指对选择的行为或策略加以实施的过程。

一个完整的博弈应当包括五个方面的内容：

第一，博弈的参加者，即博弈过程中独立决策、独立承担后果的个人和组织；

第二，博弈信息，即博弈者所掌握的对选择策略有帮助的情报资料；

第三，博弈方可选择的全部行为或策略的集合；

第四，博弈的次序，即博弈参加者做出策略选择的先后；

第五，博弈方的收益，即各博弈方做出决策选择后的所得。

第6章

功能的综合运用

导语 功能的综合运用介绍

本章是将硬件的各种功能和技术进行综合运用。

第 6.1 课　自动浇灌机

同学们，你家里有养过植物吗？植物的生长离不开宝贵的水。如果植物缺水了，就可能会凋零甚至死亡。所以，不要让我们的植物缺水哦。我们可以成为植物的保护神，因为我们可以制做一个自动浇灌机，来保护我们的植物。今天，让我们来发明一台自动浇灌机吧！

一、本课所需的硬件

硬件：核心板、主扩展板、湿度传感器子扩展板、RGB 探照灯子扩展板、杜邦线若干。

功能使用：核心板上的芯片，主扩展板上的核心板接口，湿度传感器接口，RGB 探照灯接口。

二、本课所需的程序模块（表 6-1）

表 6-1 所需程序模块

序号	程序模块组	程序模块图标	程序模块功能
1	基本	当开机时	“当开机时”是一个特殊事件，相当于编程逻辑中的“开始”，它在程序运行时处在所有其他事件之前。使用该事件来初始化程序。
2	基本	暂停（ms） 100	暂停程序，时长为所设置的毫秒数。
3	基本	无限循环	“无限循环”命令启动后，程序不停地循环执行。
4	逻辑	如果为 true 则	如果值或条件为真（true），执行则中的代码。
5	传感器类	湿度传感器检测到土壤湿度 异常	当湿度传感器检测到土壤的湿度异常或正常时，结果为真。
6	小车类	小车控制 前行	控制小车前行、后退、左转、右转、停止、原地左转或原地右转，控制发动机工作或停止。
7	显示类	初始化RGB	执行 RGB 初始化。
8	显示类	显示彩灯	达到某个条件执行打开彩灯。
9	显示类	关闭彩灯	达到某个条件执行关闭彩灯。

三、本课涉及的编程逻辑

本课的编程逻辑是当检测到土壤湿度不够时，启动浇水装置，进行浇水。湿度达到要求时，不启动浇水装置。

初始化程序，如图 6–1。

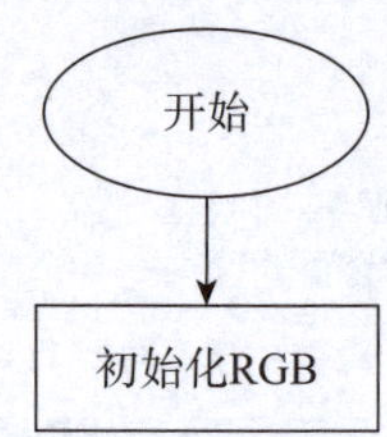

图 6－1　编程逻辑

利用土壤湿度传感器检测土壤湿度，土壤湿度不够时，启动浇水装置，同时显示绿色彩灯，标志着设备正在工作；否则不启动浇水装置，关闭彩灯。如图 6–2。

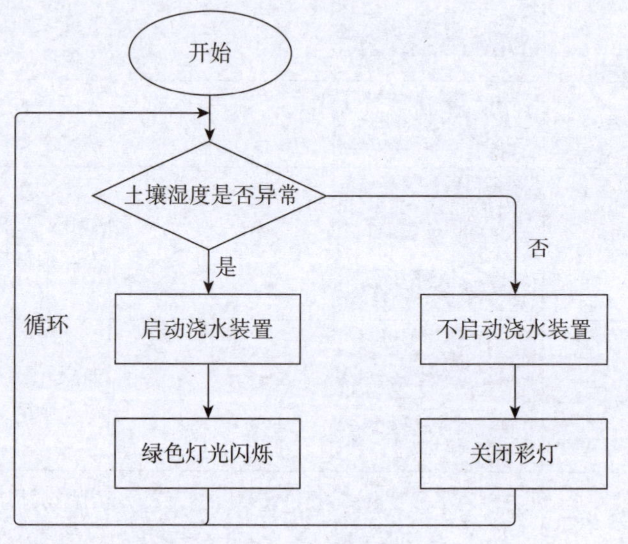

图 6－2　编程逻辑

四、本课实施的编程步骤

1. 当开机时，初始化 RGB。

将“当开机时”“初始化 RGB”和“关闭彩灯”进行组合，当开机时彩灯关闭。如图 6–3。

图 6－3　编程步骤

2. 判断土壤湿度。

第一步： 在无限循环条件下，如果湿度传感器检测到土壤湿度异常（扩展包的添加方法请登录 www.siwt. 中国或 www.bitlogic.cn 观看。)，则启动浇水装置（因为浇水装置是一个电动马达，我们用小车控制“前行”命令来指挥它）。如图 6–4。

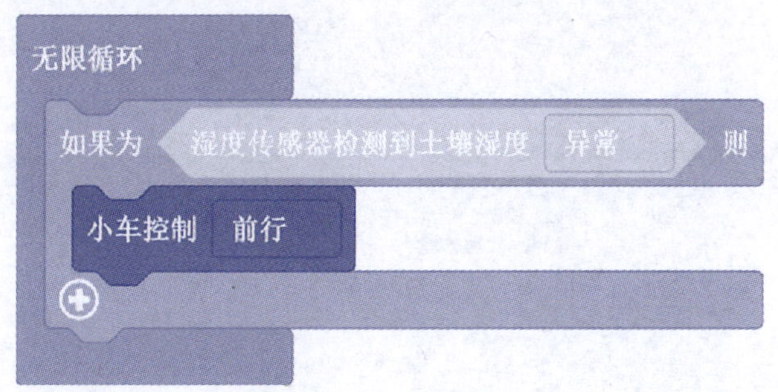

图 6 – 4 编程步骤

第二步： 设置彩灯显示为绿色，并处于一闪一闪状态。如图 6–5。

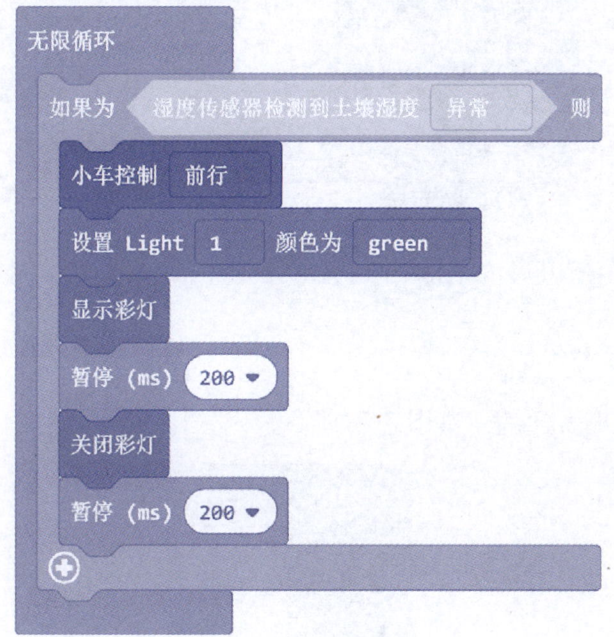

图 6 – 5 编程步骤

第三步： 如果检测到土壤湿度正常，则小车停止。如图 6–6。

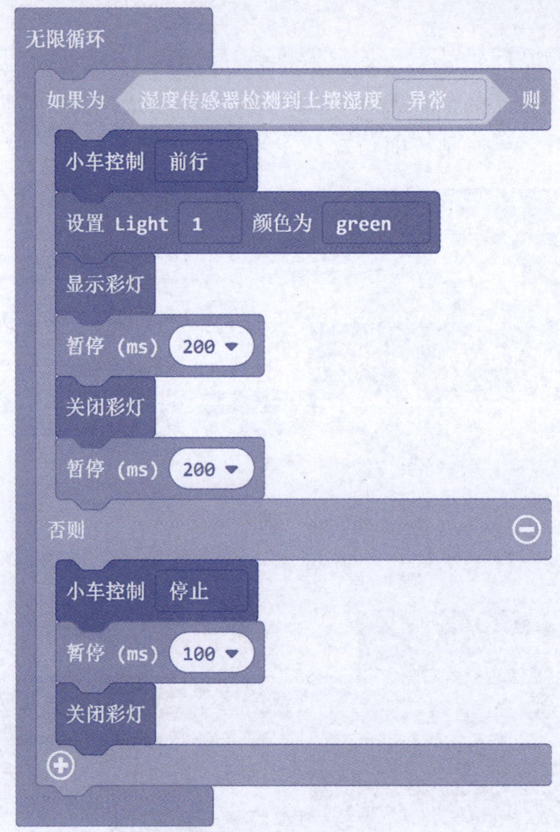

图 6－6　编程步骤

五、本课的参考代码

1. 当开机时，初始化程序。如图 6–7。

图 6－7　参考代码

2. 判断土壤湿度，符合条件时进行浇水。如图 6–8。

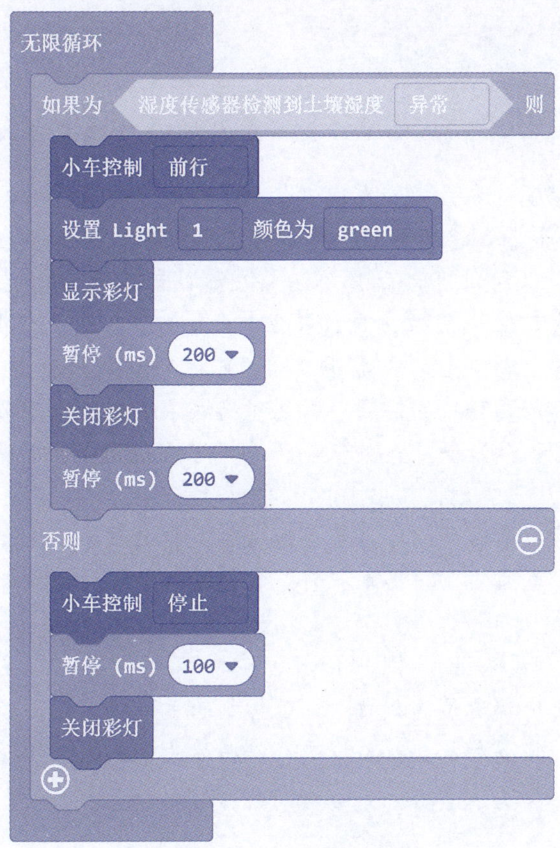

图 6 – 8　参考代码

六、提升训练

请根据本课所学知识，结合自己的观察，完成下列练习：

制作一个自动浇灌机，当检测到土壤湿度异常时，机器能自动报警。

七、思考题

如何让自动浇灌机在工作时，同步播放动听的音乐？

以色列滴管技术——全球最高效的节水农业技术

1962 年，一位以色列农民偶然发现水管漏水处的庄稼长得格外好。这一发现立即得到了政府的大力支持，闻名世界的耐特菲姆滴灌公司于 1964 年应运而生。

发明滴灌以后，以色列耕地面积从 16.5 亿平方米增加到 44 亿平方米；但农业用水总量多年来一直稳定在 13 亿立方米，农业产出却翻了 5 番。滴灌的原理很简单，然而，让水均衡地滴渗到每颗植株却非常复杂。以色列研制的硬韧防堵塑料管、接头、过滤器、控制器等都是高科技的结晶。以色列滴灌系统目前已是第六代，最近又开发成小型自压式滴灌系统。如今，全球有 80 多个国家在使用以色列的滴灌技术，耐特菲姆滴灌公司年收入 2.3 亿美元，其中 80%来自出口。

以色列的公路旁，蓝白色的输水干管连接着无数滴灌系统。大田地头是直径 1 米多的黑塑料储水罐，电脑自动把掺入肥料、农药的水渗入植株根部。滴灌技术使沙漠城市也照样绿荫浓浓。

在以色列，“水利是农业命脉”的真谛，不在于挖沟渠，而在于科学灌溉、高效用水。滴灌使每寸土地都透着高科技。电脑控制的水、肥、农药滴喷灌系统是现代农业的基础。它巨大的经济和社会效益证明，以滴灌为代表的科学灌溉将大大缓解全球水资源危机。

第 6.2 课　无线遥控小车

无线电遥控的雏形是在 20 世纪 20 年代出现的。随着现代电子技术的飞速发展，遥控设备的可靠性和灵敏性越来越高，应用范围也越来越广。生活中孩子玩的无线遥控车也随处可见。你想拥有一款你自己设计的遥控汽车吗？那就跟我一起进入课堂吧！

一、本课所需的硬件

硬件：核心板 2 块、便携式扩展板、主扩展板、杜邦线若干。

功能使用：核心板上的芯片和无线，主扩展板上的核心板接口。

小车的组装过程请登录 www.siwt. 中国和 www.bitlogic.cn 观看。

二、本课所需的程序模块（表 6–2）

表 6–2　程序模块

序号	程序模块组	程序模块图标	程序模块功能
1	输入	当按钮 A 被按下时	当按下再松开按钮（A、B 或同时按下 A+B）时执行操作。
2	基本	当开机时	“当开机时”是一个特殊事件，相当于编程逻辑中的“开始”，它在程序运行时处在所有其他事件之前。使用该事件来初始化程序。
3	基本	暂停（ms）100	暂停程序，时长为所设置的毫秒数。
4	无线	在无线接收到数据时运行 receivedString	当收到无线字符串后执行下列命令。
5	无线	无线设置组 1	设置无线通讯的组 ID。
6	无线	无线发送字符串 " "	通过无线发送字符串。
7	逻辑	如果为 true 则	如果值或条件为真（true），执行则中的代码。
8	逻辑	0 = 0	如果两个输入值或变量相等，则返回真（true）。
9	变量	receivedNumber	无线接收到的数字变量。
10	小车类	小车控制 前行	控制小车前行、后退、左转、右转、停止、原地左旋或原地右旋，或控制小车发动机工作或停止。

三、本课涉及的编程逻辑

第一阶段： 无线遥控器（发射端）。

当开机时，设置无线设置组为 21。如图 6–9。

图 6－9　编程逻辑

设置前进键。当徽标朝下时，发送字符串“front”，显示数字 1。如图 6–10。

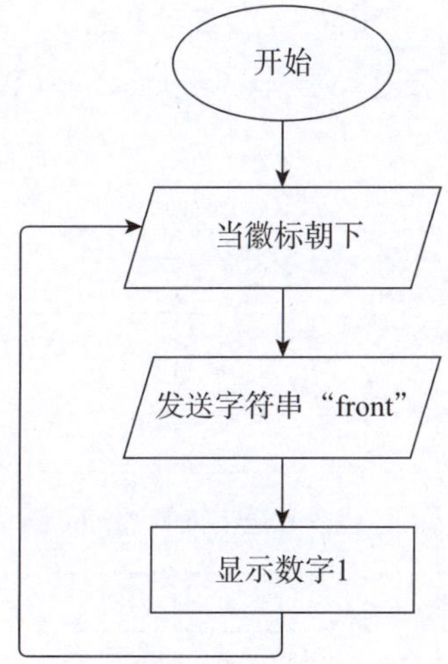

图 6－10　编程逻辑

设置后退键。当 LED 屏幕朝上时，发送字符串“back”，显示数字 2。如图 6–11。

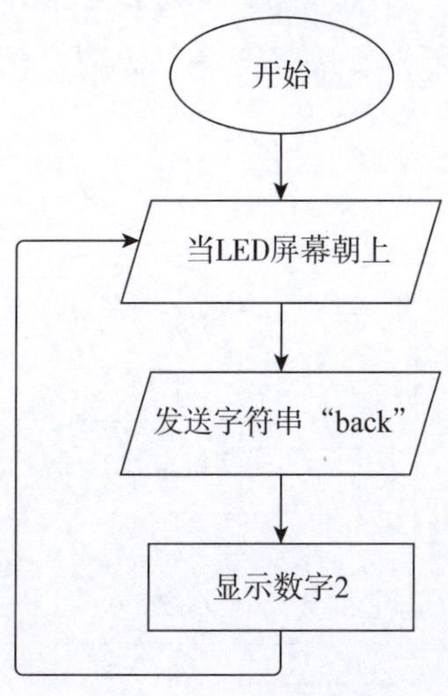

图 6－11　编程逻辑

设置左转弯。向左倾斜时，发送字符串“left”，显示数字 3。如图 6–12。

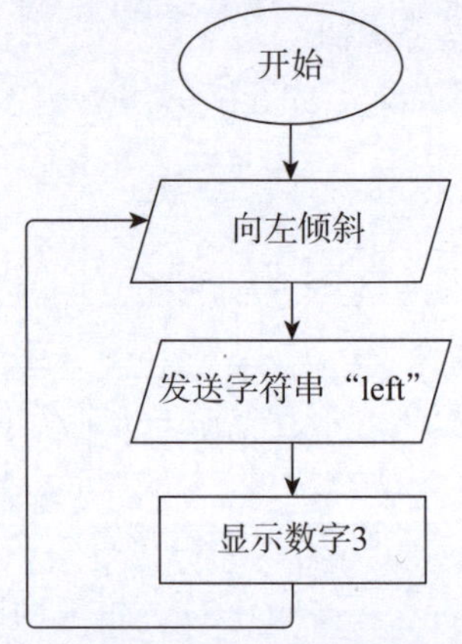

图 6 – 12　编程逻辑

设置右转弯。向右倾斜时，发送字符串“right”，显示数字 4。如图 6–13。

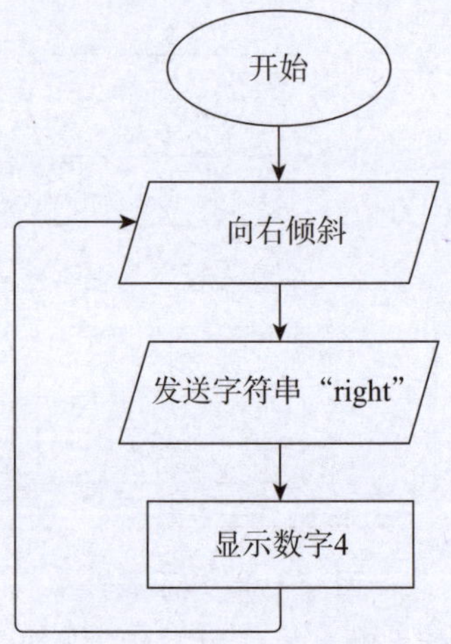

图 6 – 13　编程逻辑

设置停止。当 LED 屏幕朝下，发送字符串“stop”，显示数字 0。如图 6–14。

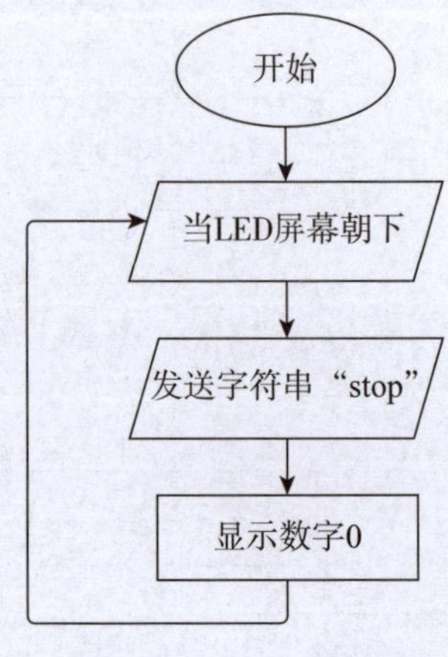

图 6 – 14　编程逻辑

第二阶段： 无线遥控小车接收端。

当开机时，设置无线设置组为 21。如图 6-15。

开始
无线设置组为21

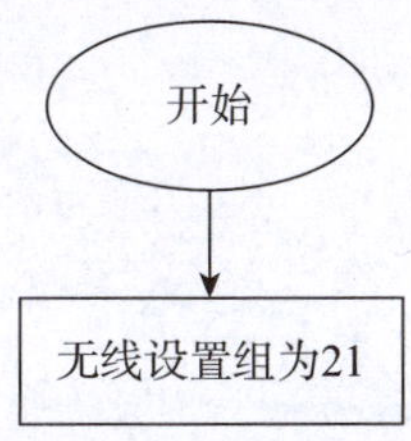

图 6－15　编程逻辑

无线接收数据运行时，接收到的字符串是 stop，则小车停止；接收到的字符串是 front，小车向前移动；接收到的字符串是 back，小车向后倒退；接收到的字符串是 left，小车左转；接收到的字符串是 right，小车右转。如图 6-16。

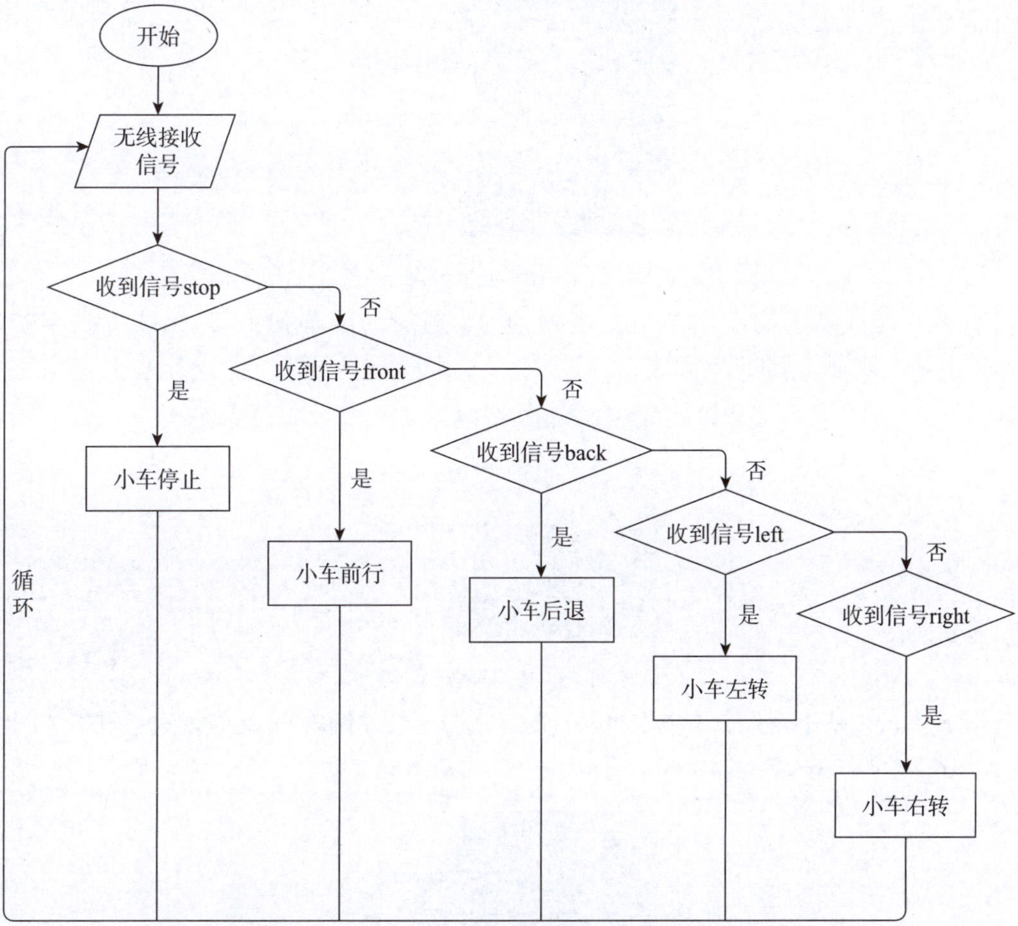

开始
无线接收信号
收到信号stop
是
否
小车停止
收到信号front
是
否
小车前行
收到信号back
是
否
小车后退
收到信号left
是
否
小车左转
收到信号right
是
小车右转
循环

图 6－16　编程逻辑

四、本课实施的编程步骤

第一阶段： 设置无线遥控器发射端。

当开机时，无线设置组设为 21。如图 6–17。

图 6 – 17 编程步骤

设置前进。从【输入】中拖出当振动时，选择“徽标朝下”，无线发送字符串“front”，显示数字 1。如图 6–18。

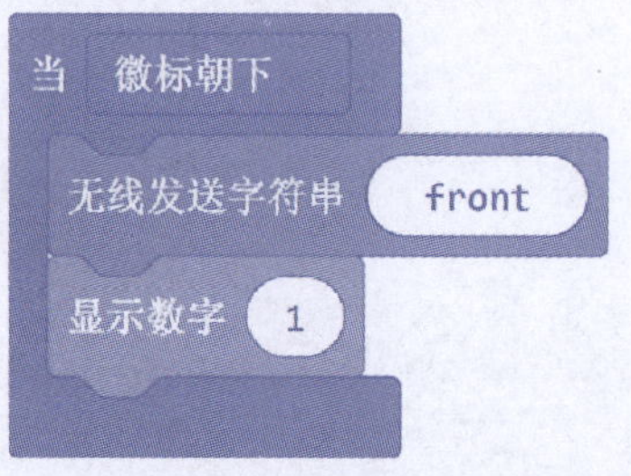

图 6 – 18 编程步骤

设置后退。从【输入】中拖出当振动时，选择“屏幕朝上”，无线发送字符串“back”，显示数字 2。如图 6–19。

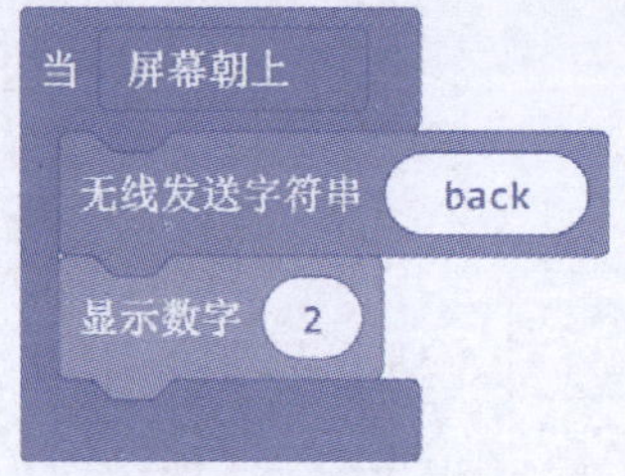

图 6 – 19 编程步骤

设置左转。从【输入】中拖出当振动时，选择“向左倾斜”，无线发送字符串“left”，显示数字 3。如图 6–20。

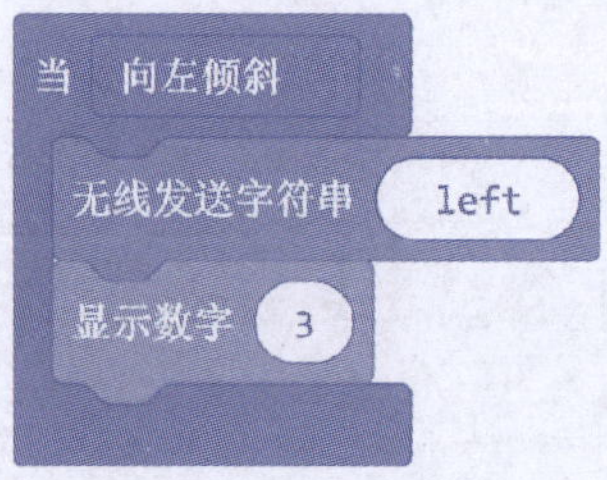

图 6 – 20 编程步骤

设置右转。从【输入】中拖出当振动时，选择“向右倾斜”，无线发送字符串“right”，显示数字 4。如图 6–21。

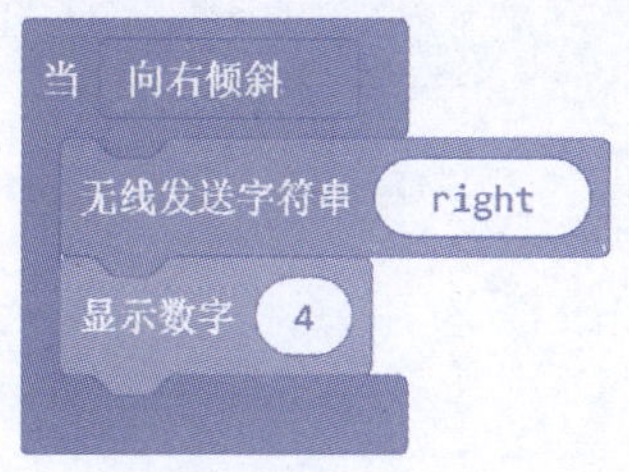

图 6 - 21 编程步骤

设置停止。从【输入】中拖出当振动时，选择“屏幕朝下”，无线发送字符串“stop”，显示数字 0。如图 6–22。

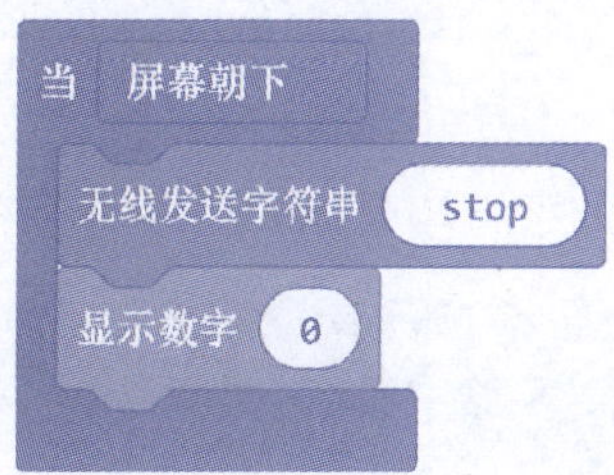

图 6 - 22 编程步骤

第二阶段： 设置无线遥控小车接收端。

1. 当开机时，无线设置组设为 21。如图 6–23。

图 6 - 23 编程步骤

2. 接收无线数据时。如图 6–24。

第一步： 从【无线】模块组中拖出“在无线接收数据时运行 receivedString”，将从【逻辑】中拖出的“如果为……则”进行组合，设置如果接收到的字符串是 stop，则小车停止。

图 6 - 24 编程步骤

第二步： 设置如果接收到的字符串是 front，则小车前进。如图 6-25。

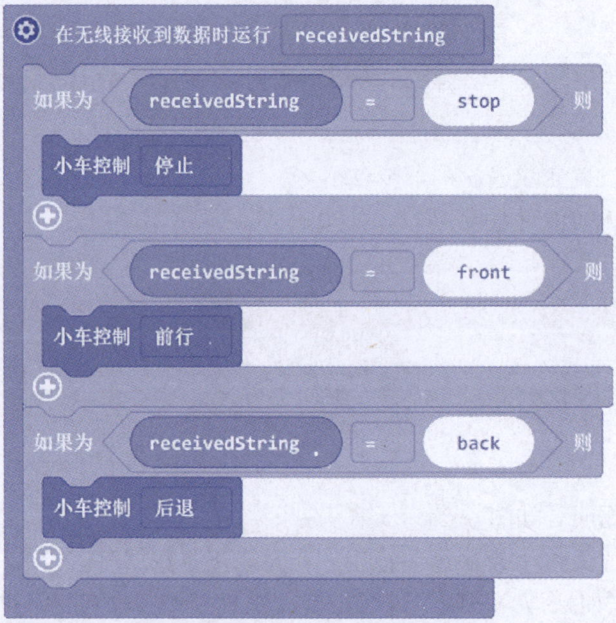

图 6-25　编程步骤

第三步： 设置如果接收到的字符串是 back，则小车后退。如图 6-26。

在无线接收到数据时运行 receivedString
如果为 receivedString = stop 则
小车控制 停止
如果为 receivedString = front 则
小车控制 前行
如果为 receivedString = back 则
小车控制 后退

图 6-26　编程步骤

第四步： 设置如果接收到的字符串是 left，则小车左转。如图 6-27。

图 6-27 编程步骤

第五步： 设置如果接收到的字符串是 right，则小车右转。如图 6–28。

图 6 – 28　编程步骤

第六步： 暂停 100 毫秒。如图 6–29。

图 6 – 29 编程步骤

五、本课的参考代码

第一阶段： 无线遥控器发射端。

当开机时。如图 6–30。

图 6 – 30 参考代码

设置前进键。如图 6–31。

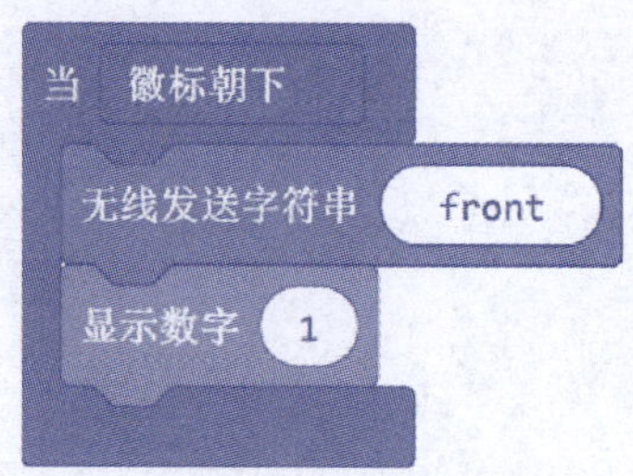

图 6 - 31　参考代码

设置后退键。如图 6–32。

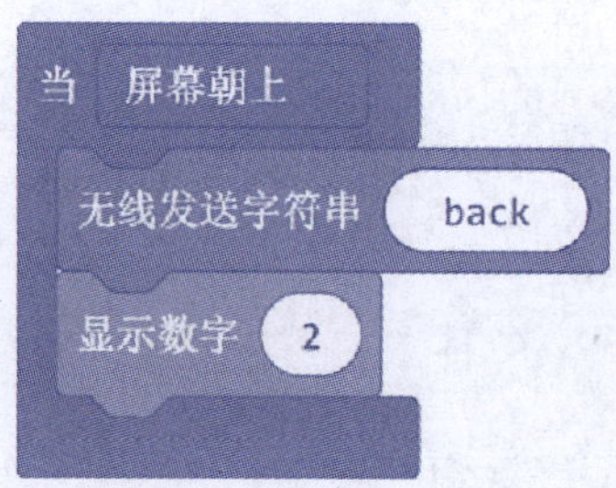

图 6 - 32　参考代码

设置左转。如图 6–33。

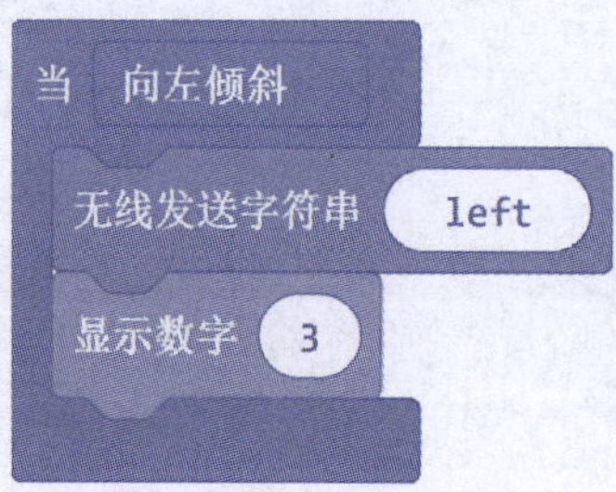

图 6 - 33　参考代码

设置右转。如图 6–34。

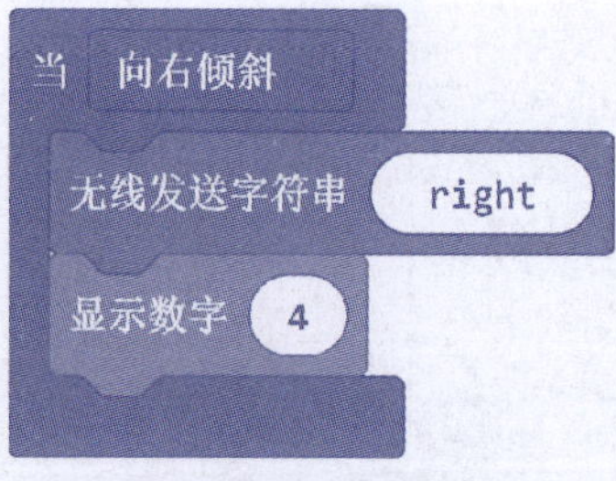

图 6 - 34　参考代码

设置停止。如图 6–35。

图 6-35 参考代码

第二阶段： 无线遥控小车接收端。

当开机时。如图 6–36。

图 6-36 参考代码

无线接收数据时。如图 6-37。

图 6－37　参考代码

六、提升训练

请根据本课所学知识，结合自己的观察，完成下列练习：
利用“小车类”模块组，设置小车前行、后退、左转、右转的速度大小。

七、思考训练

怎样能让无线小车在行驶的过程中播放美妙的音乐？

汽车钥匙的演变

汽车钥匙是汽车最重要的配件之一，汽车设计越来越高端，车钥匙也越来越高端。甚至，如今这小小的车钥匙已经成为一种身份地位的象征。让我们来回首看看车钥匙的演变史。

摇把

最早的蒸汽汽车是通过蒸汽推动内部的活塞上下运动，不需要借助有形的物件或者钥匙。而随着科技革新，手摇式发动机出现了，随之我们所谓的车钥匙原型——摇把也应运而生，它就是最原始的车钥匙。

传统钥匙

电子点火系统普及后，传统钥匙面世了，它被称为机械钥匙或刀片钥匙，和我们现在的门锁钥匙没有什么区别，这时的车钥匙功能也相当简单，只有开关门和启动发动机两项功能。

芯片钥匙

因为传统钥匙只要齿形相同即可打开车门，防盗功能十分有限，为了弥补这一安全缺陷，芯片钥匙应运而生。此时也形成了一车一把钥匙的情形，即使相同齿形的钥匙依旧能打开车门、启动发动机，但却不能长时间维持，也就无法将车开走。

芯片钥匙＋遥控器

尽管芯片钥匙有了一定的防盗安全性能，但操作还满足不了人们的需求，遥控器的横空出世，为芯片钥匙＋遥控器的研发奠定了基础。芯片钥匙＋遥控器将开锁落锁从“手动”变为“遥控”，在安全性与便利性两方面实现了统一。

一体式遥控钥匙

芯片钥匙＋遥控器的组合功能性得到了满足，但又出现了新的问题，携带不方便，因此这促成了一体式遥控钥匙的出现。一体式遥控钥匙造型紧凑简单，不仅具有遥控功能，同时可将机械钥匙进行折叠。一体式遥控钥匙也是现在最为常见的一类汽车钥匙。

遥控智能钥匙

遥控智能钥匙也可以称为自由光遥控钥匙，这种车钥匙舍弃了刀式钥匙，只有遥控器，这就是在中高端车型或者高配车型上配备的智能遥控钥匙，不仅可以实现无钥匙进入、寻找车辆，还可以自动开锁、落锁以及记忆存储等等，实用性和安全性都非常高。

参考答案

第 1.1 课　夜空的星星

● 提升训练参考答案

1. 范例：用“显示图形”显示一颗红心（更多图形可自选）（图 1.1–1）：

图 1.1－1　参考代码

2. 范例：用“显示数字”显示数字 9（更多数字可自选）（图 1.1–2）：

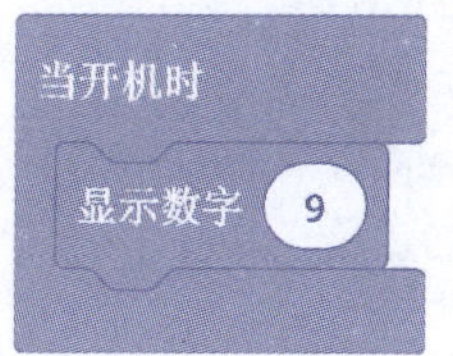

图 1.1－2　参考代码

3. 范例：用“显示字符串”显示“Hello!”（更多字符串可自选）（图 1.1–3）：

图 1.1－3　参考代码

● 思考题参考答案

答：我们可以在显示 LED 下方添加“清空屏幕”的程序模块（图 1.1–4）。

图 1.1－4　参考代码

第 1.2 课　跳动的心

● 提升训练参考答案

范例：显示图标（图 1.2–1）

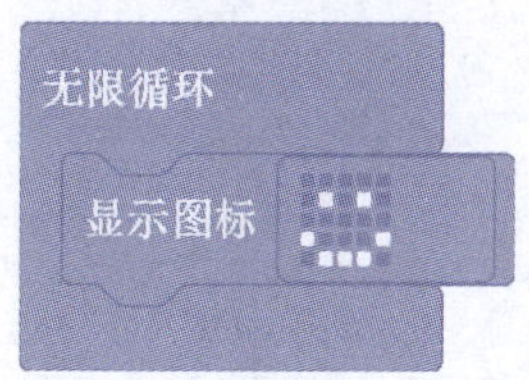

图 1.2－1　参考代码

范例：“显示字符串”（图 1.2–2）

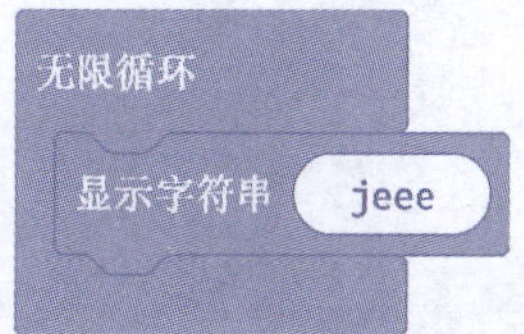

图 1.2－2　参考代码

● 思考题参考答案

答：我们可以通过设置程序模块中暂停的时间长短来实现心跳速度的改变。

● 思考题参考答案

答：我们可以将姓名下面的程序模块暂停的时间设置得更长一些来实现。

第 1.3 课　个人专属电子名片

● 提升训练参考答案

如图 1.3–1：

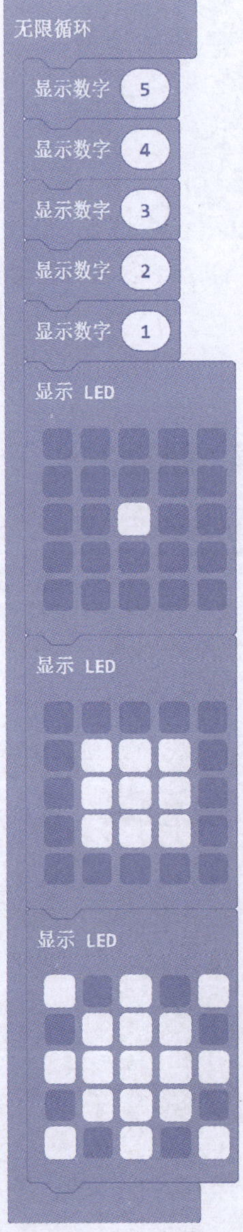

图 1.3－1　参考代码

第 2.1 课　温度计

● 提升训练参考答案

我们可以隔一段时间，显示一次温度，如图 2.1–1：

图 2.1－1　参考代码

● 思考题参考答案

答：因为我们制作的温度计所用的核心板在工作时本身也会产生热量，这个热量也会被探测到，所以，用这个温度计测出的温度会比实际温度偏高。

第 2.2 课　量角器

● 提升训练参考答案

本题的核心在于测量到的角度等于 45° 和 90° ，如图 2.2–1 ：

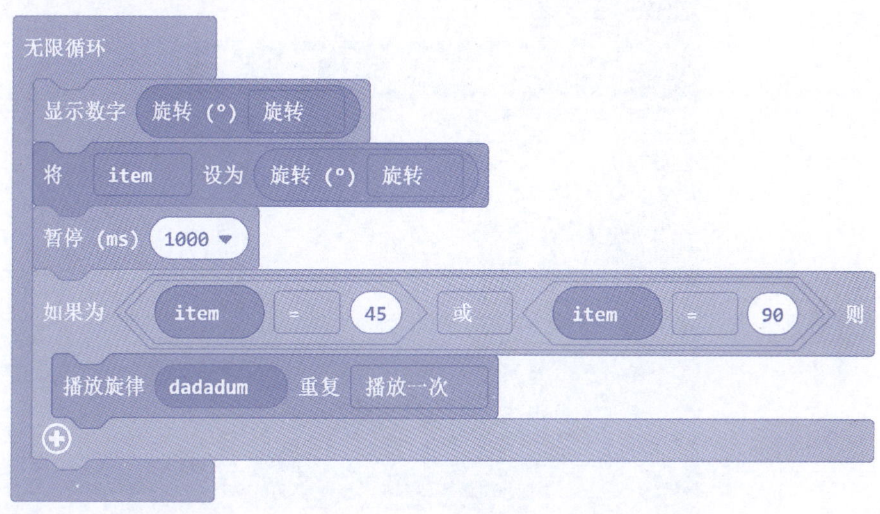

图 2.2 – 1　参考代码

● 思考题参考答案

答：根据【输入】程序模块区中的旋转程序模块，如果设置的旋转角度为“横滚”，则起始边为核心板的左右两侧；如果设置的旋转角度为“旋转”，则起始边为核心板的上下两侧。

第 2.3 课　自动计数器

● 提升训练参考答案

如图 2.3–1 ：

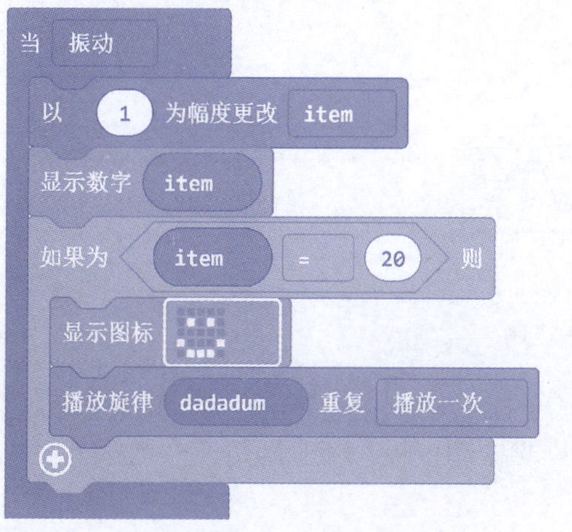

图 2.3 – 1　参考代码

● 思考题参考答案

答：会有差异。不同身高的同学走路时的步幅不一样，同样的距离走的步数不同，而步数不同，就意味着震动的次数不同，我们这里统计的是震动的次数，而不是行走的距离。所以显示的数字不同。

第 2.4 课　猜丁壳

● 提升训练参考答案

思路：在每次出拳时增加音乐播放（图 2.4–1）。

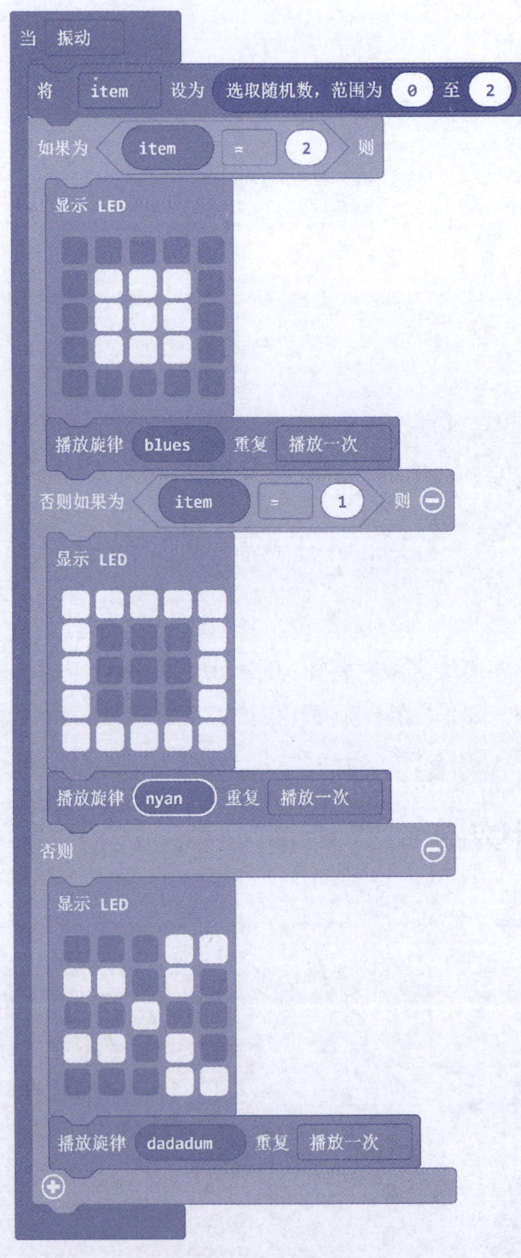

图 2.4 – 1　参考代码

● 思考题参考答案

答：振动的幅度并不影响出拳的效果，因为只要振动主板，就会随机产生数字 0，1，2，这个随机数的产生与振动幅度无关。

第 2.5 课　指南针

● 提升训练参考答案

如图 2.5–1：

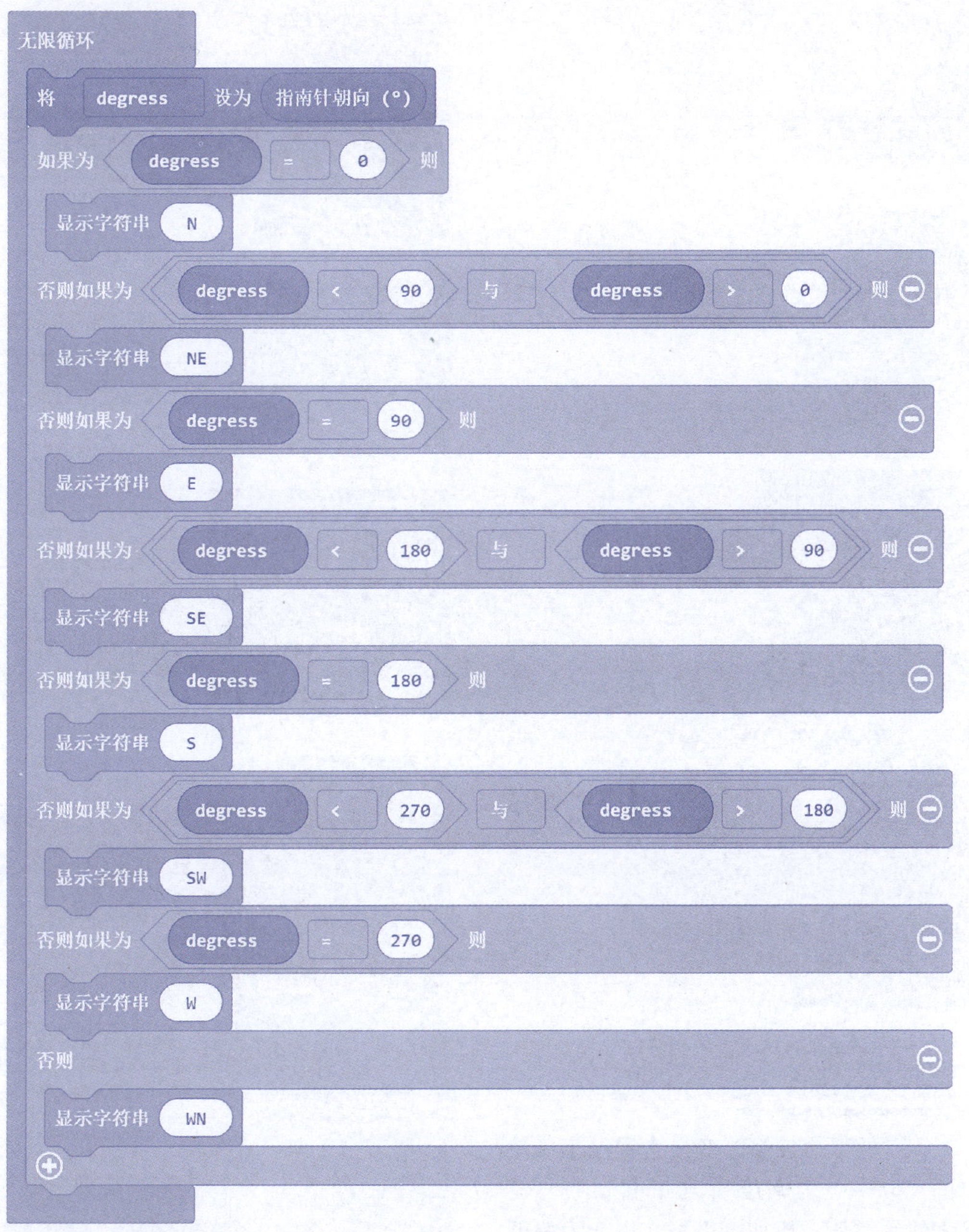

图 2.5 – 1　参考代码

● 思考题参考答案

答：当指南针指的角度为 0 时指的方向是正北方，其余角度指向的都是北方。

第 3.1 课　手动计数器

● 提升训练参考答案

如图 3.1–1：

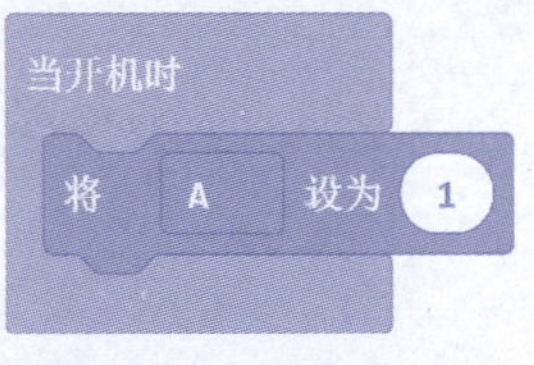

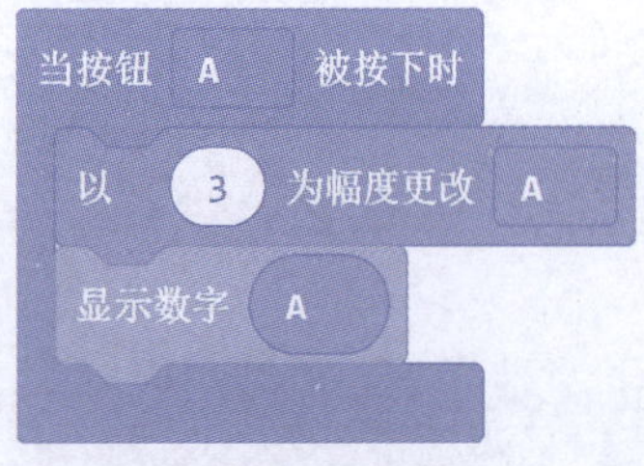

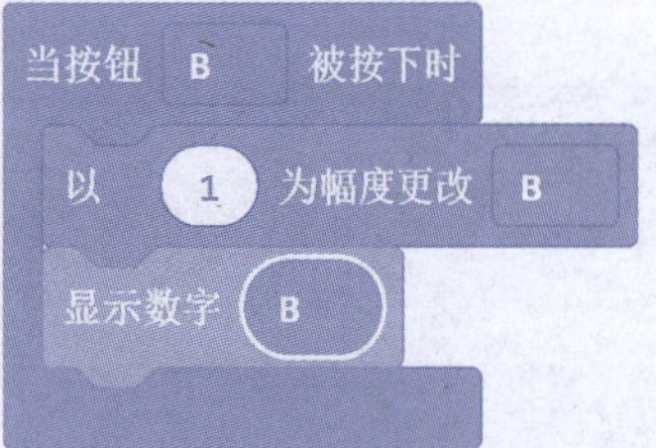

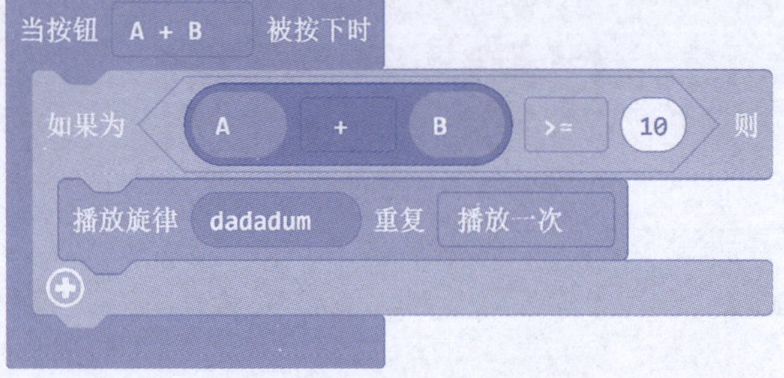

图 3.1 - 1　参考代码

● 思考题参考答案

答：可以通过修改变量【程序】模块中的“以……为幅度更改 item”，“……”代表的是数值。比如：设置“以 3 为幅度更改 item”，则每次会按照 3 进行增加；设置“以 -3 为幅度更改 item”，则每次会按照 3 进行递减。

第 3.2 课　声波频率测试器

● 提升训练参考答案

如图 3.2–1：

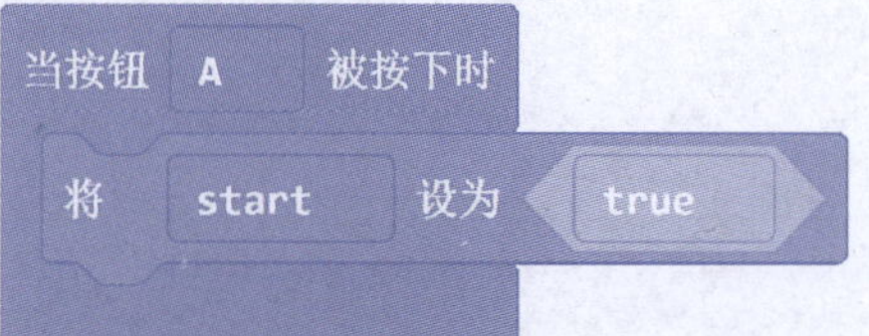

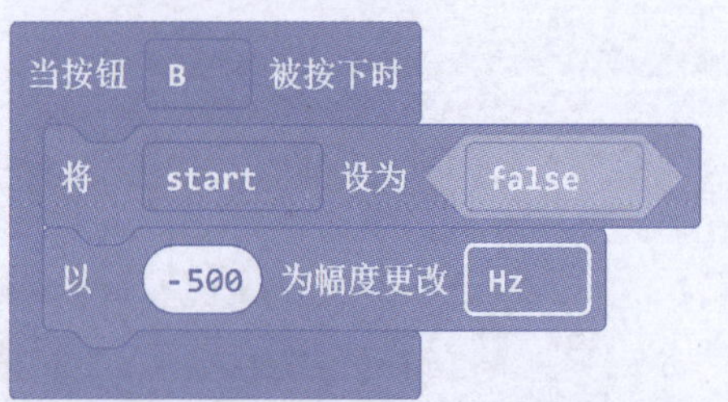

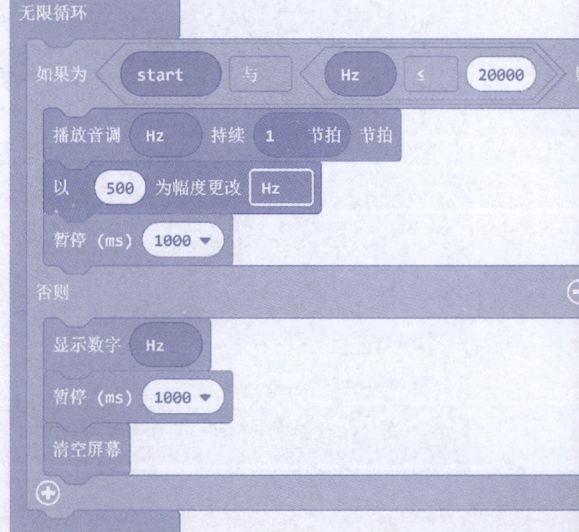

图 3.2 - 1　参考代码

● 思考题参考答案

答：将程序模块中的【播放音调……持续……节拍】换成【播放旋律……重复……】。

第 3.3 课　躲避球游戏

● 提升训练参考答案

item 为玩家，name 为小球，如图 3.3-1：

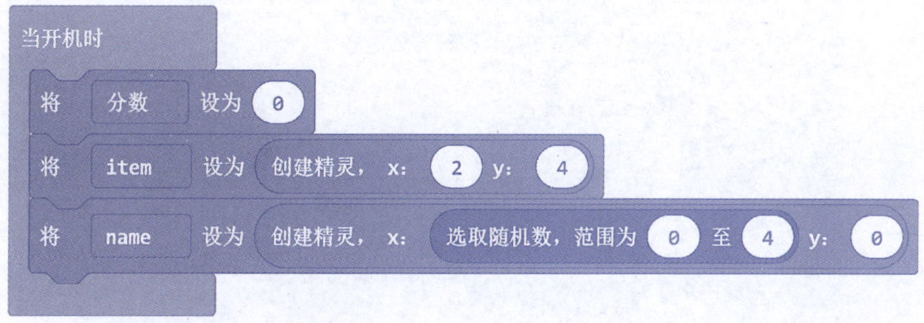

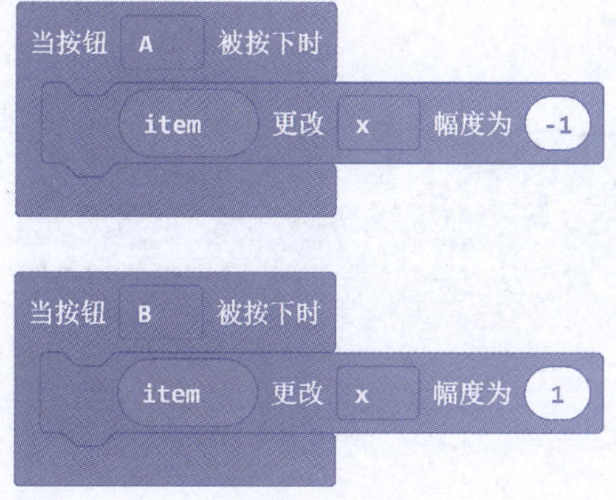

图 3.3－1 参考代码

● 思考题参考答案

答：可以更改躲避球游戏中暂停的时间长短，让暂停时间更短一些。

第 4.1 课　智能报警保险箱

● 提升训练参考答案

如图 4.1–1：

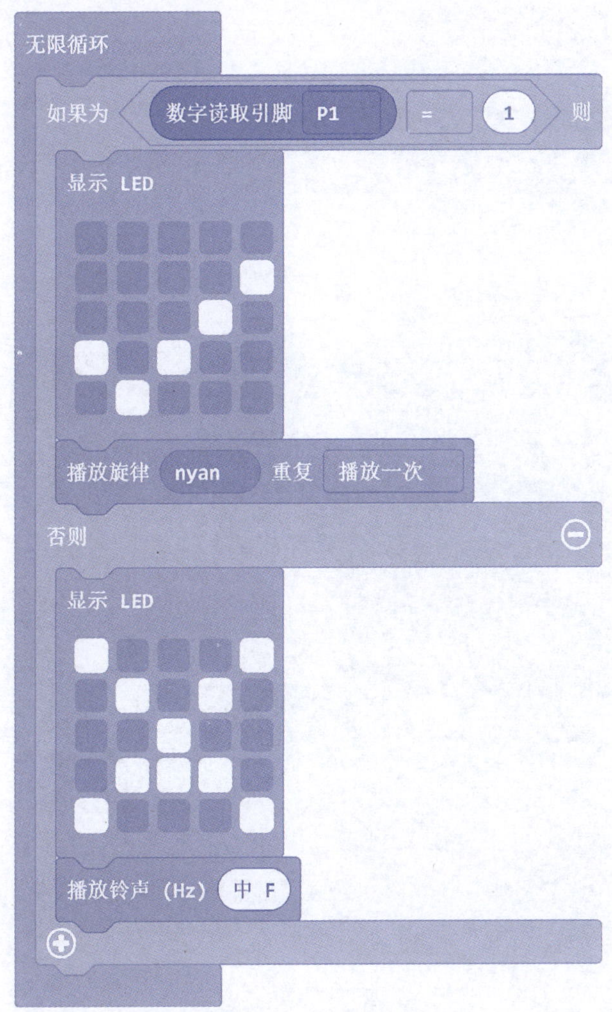

图 4.1 – 1　参考代码

● 思考题参考答案

答：当核心板中的两个引脚接通时，系统能检测到信号，所以可设定为不报警；当两个引脚同时断开时，检测不到信号，可设置为报警。

第 4.2 课　电子裁判

● 提升训练参考答案

如图 4.2–1：

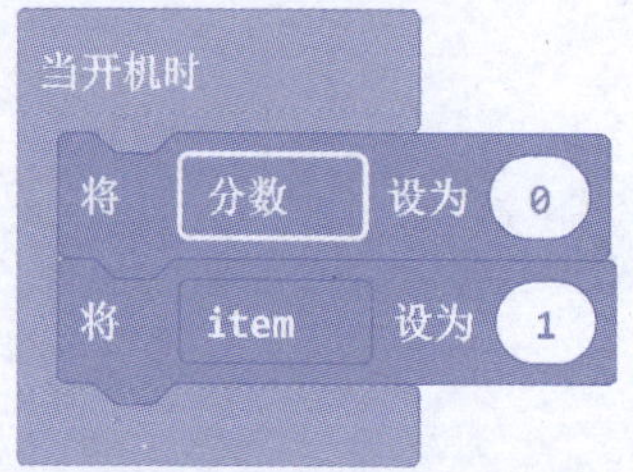

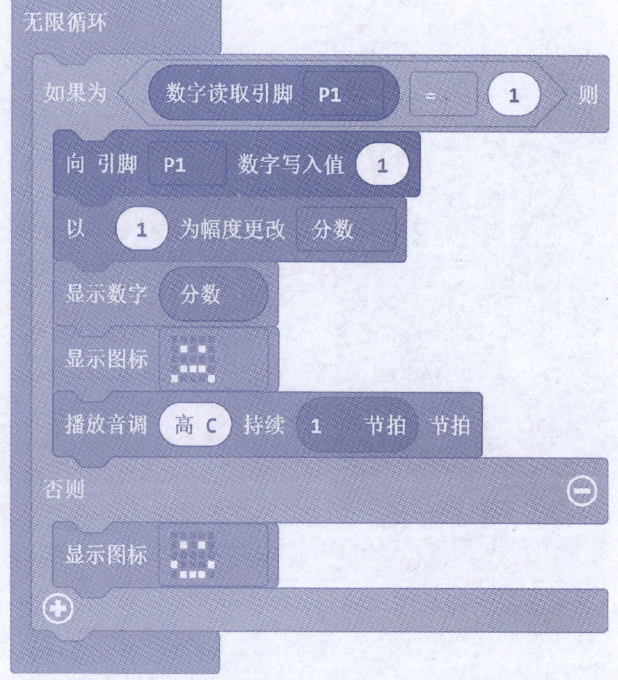

图 4.2－1　参考代码

● 思考题参考答案

答：电子裁判：通过触发引脚后，进行分数累加；

自动计数器：通过加速度传感器感应振动后，进行数值累加。

第 4.3 课　电子钢琴

● 提升训练参考答案

思路：增加更多的引脚（图 4.3–1）。

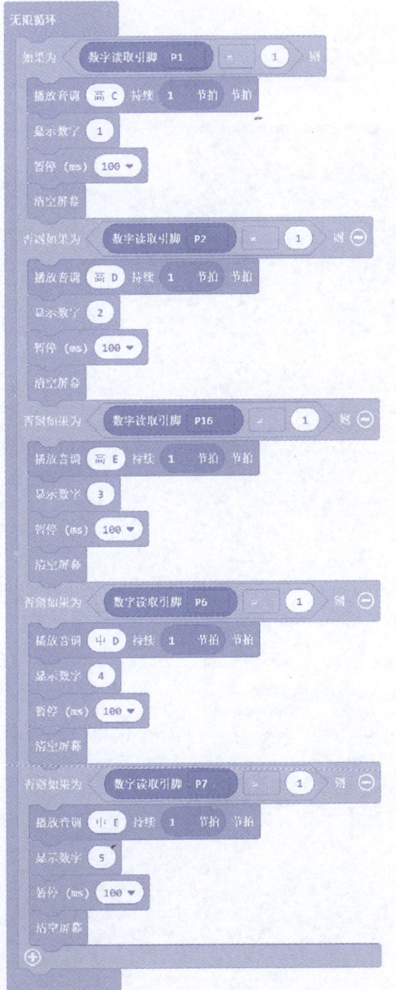

图 4.3 – 1　参考代码

● 思考题参考答案

答：可将播放音调换成播放旋律，并将旋律设置成生日歌、铃声等。

第 5.1 课　神奇的读心术

● 提升训练参考答案

如图 5.1–1：

发射端

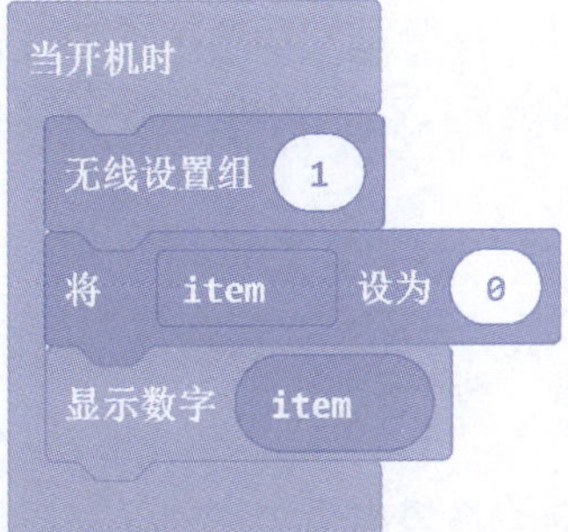

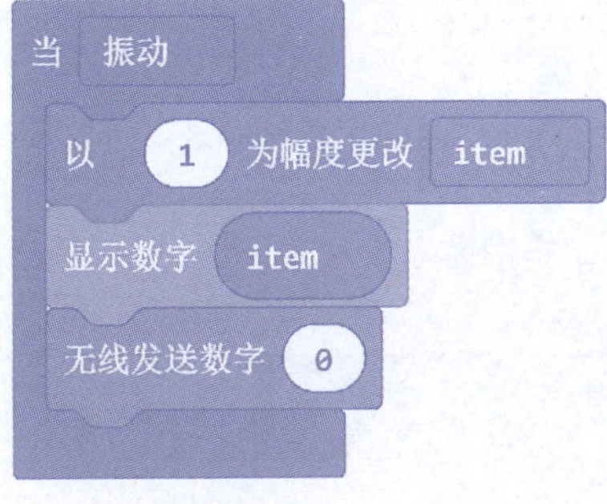

接收端

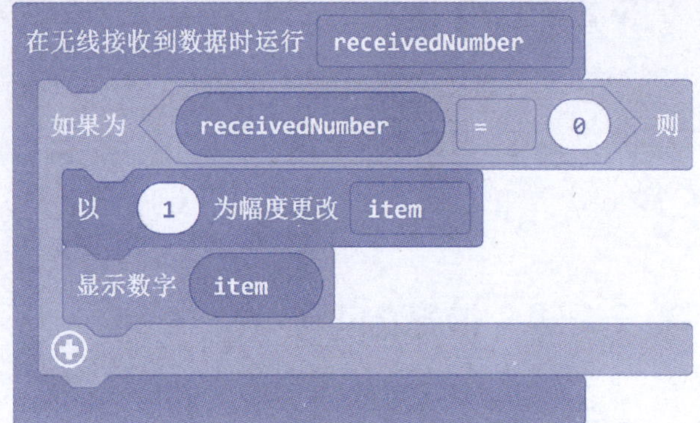

图 5.1－1　参考代码

● 思考题参考答案

答：可以。只要是同一协议下的硬件，其无线 ID 相同，可以被多个所需硬件接收。

第 5.2 课　摩斯密码

● 提升训练参考代码

如图 5.2–1：

发射端

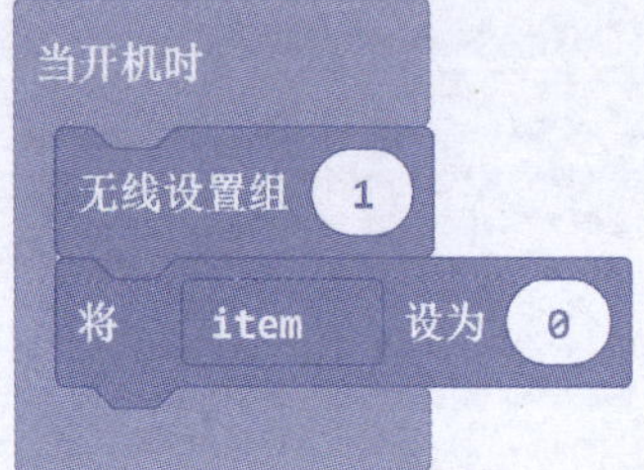

接收端

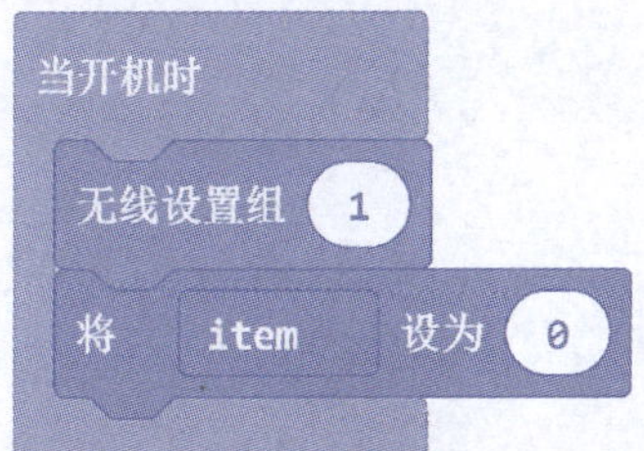

图 5.2－1 参考代码

● 思考题参考答案

答：因为移动手机电话和固定电话需要通过基站或机房进行数据交换。地震会破坏当地的供电系统，导致基站或机房无法工作，因此移动手机电话和固定电话会信号中断。而无线电波可以通过空气或陆地进行传播，只要发生器本身有电，数据信号就能被发送出去。

第 5.3 课　无线密码保险箱

● 提升训练参考答案

发射端，如图 5.3-1：

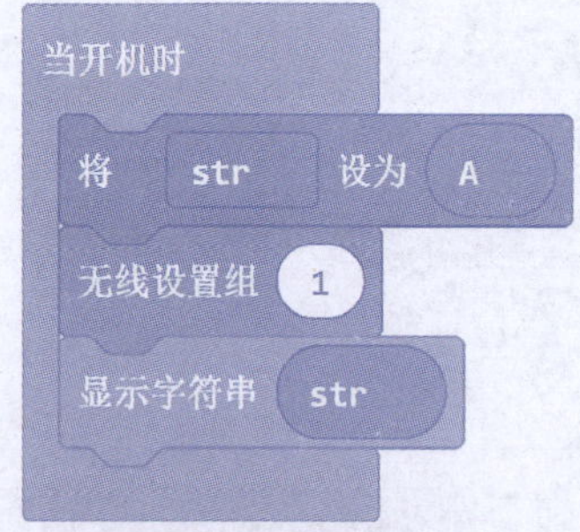

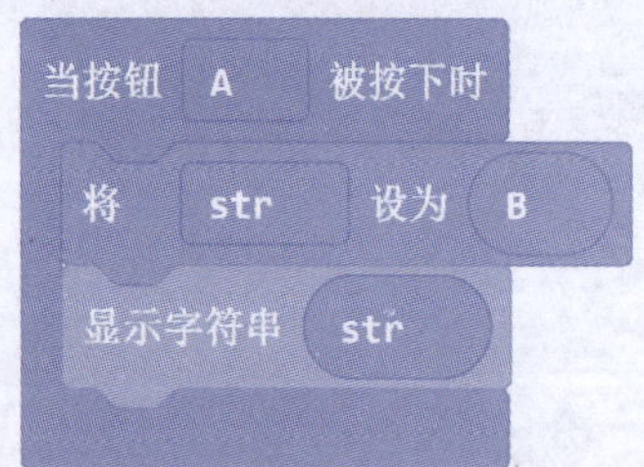

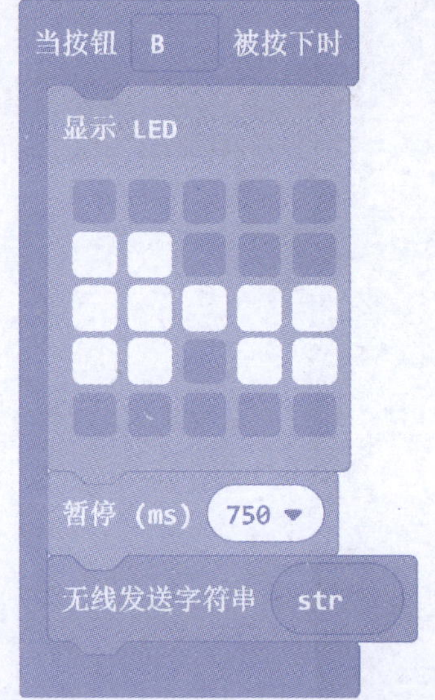

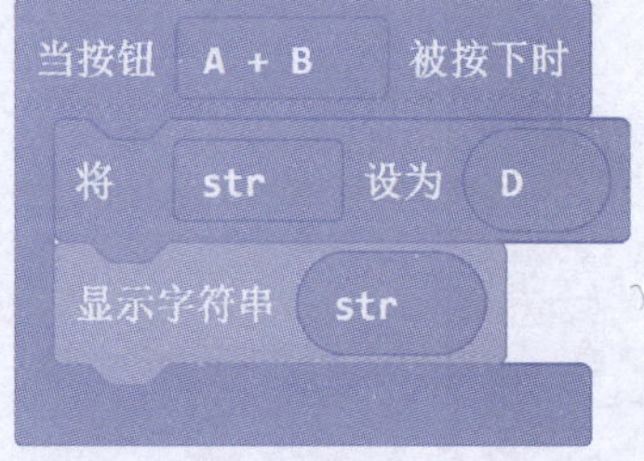

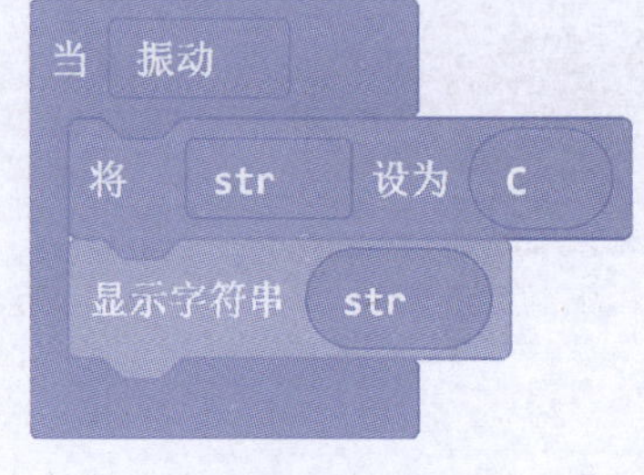

图 5.3 - 1

接收端，如图 5.3–2：

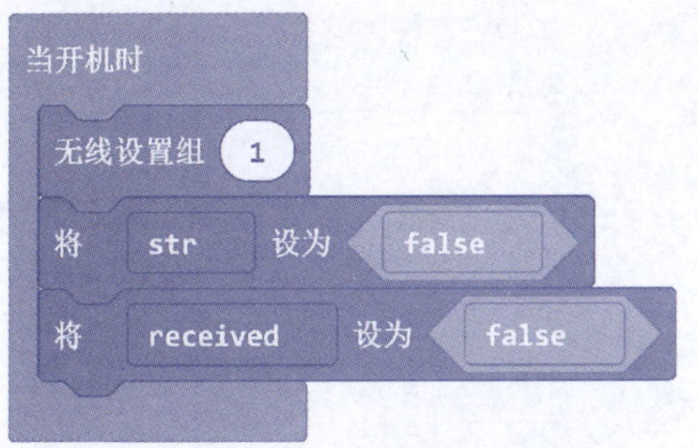

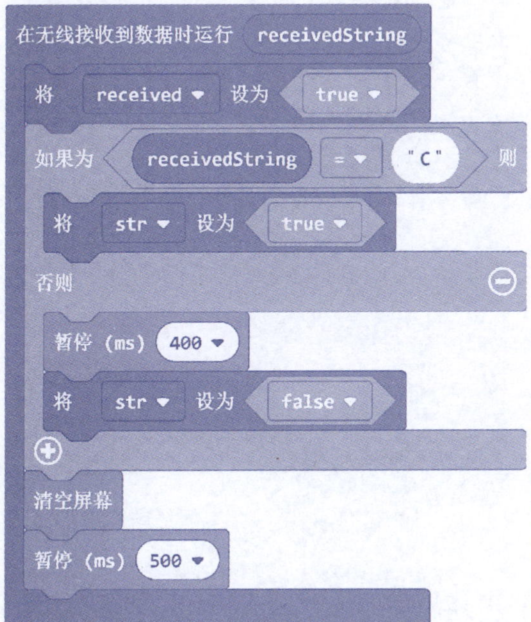

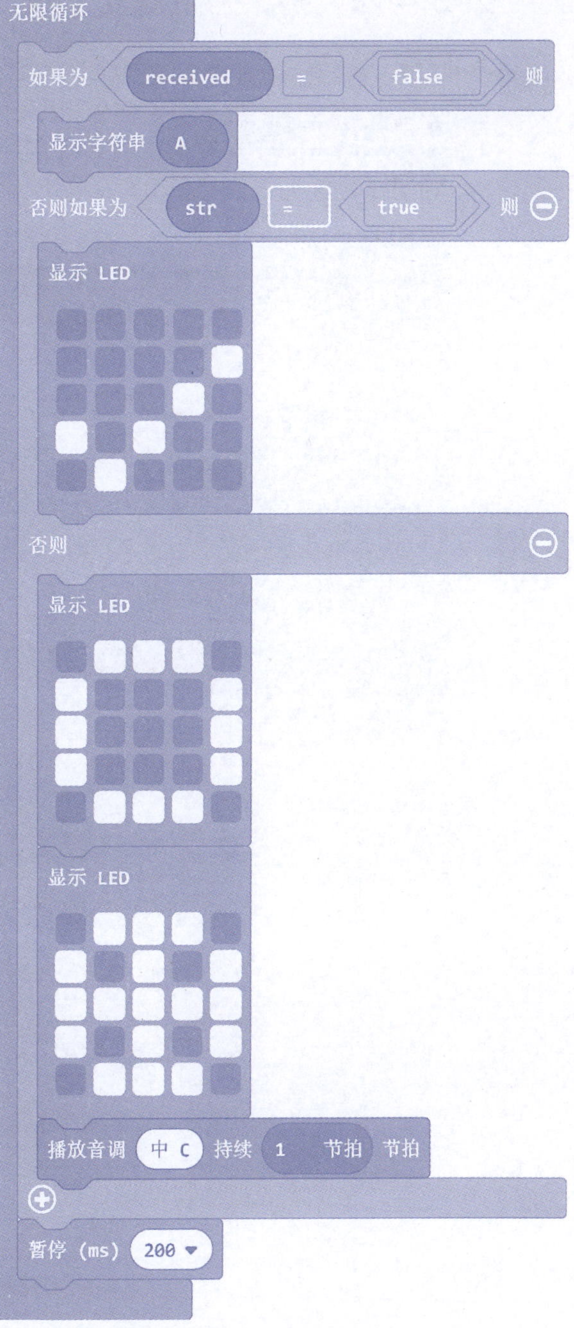

图 5.3 – 2　参考代码

● 思考题参考答案

答：可以通过操作接收端核心板上的 A 键或 B 键，将变量 Alarm 和 received 都设置为 false。

第 5.4 课　猜丁壳游戏Ⅱ（双人游戏）

● 提升训练参考答案

如图 5.4–1：

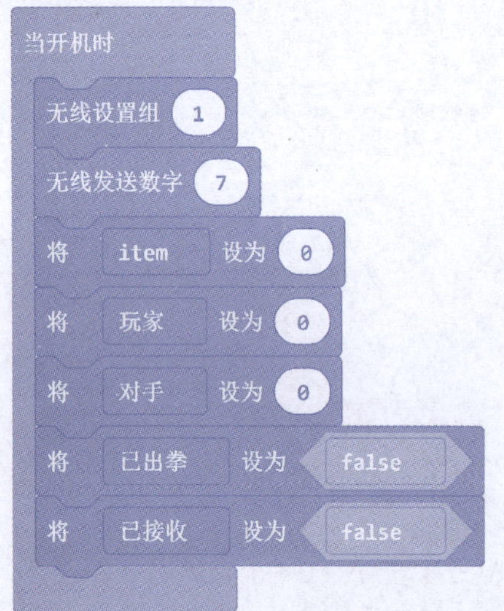

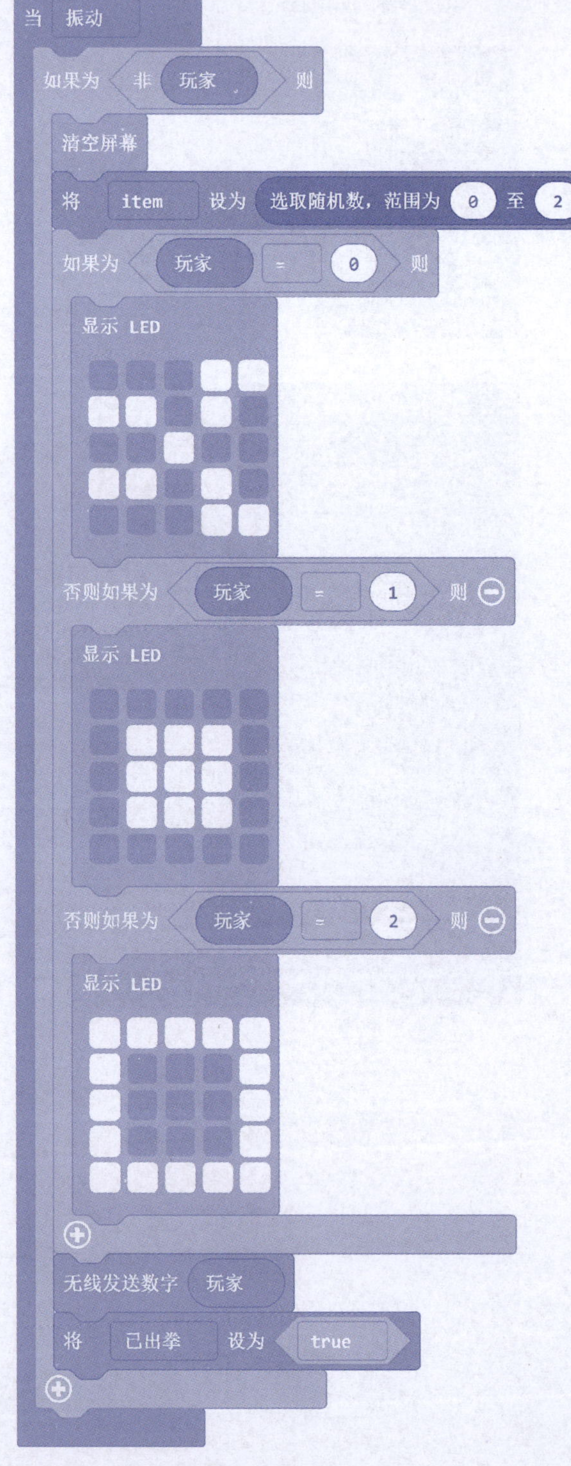

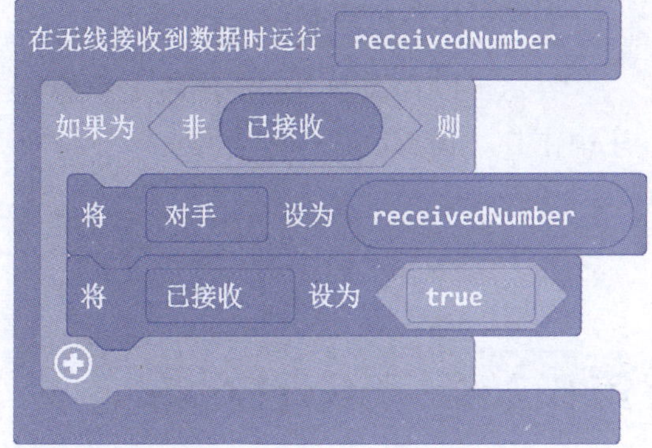
在无线接收到数据时运行 receivedNumber
如果为 非 已接收 则
将 对手 设为 receivedNumber
将 已接收 设为 true

函数 胜利
显示字符串 win
显示数字 item

函数 失败
显示字符串 lose
显示数字 item

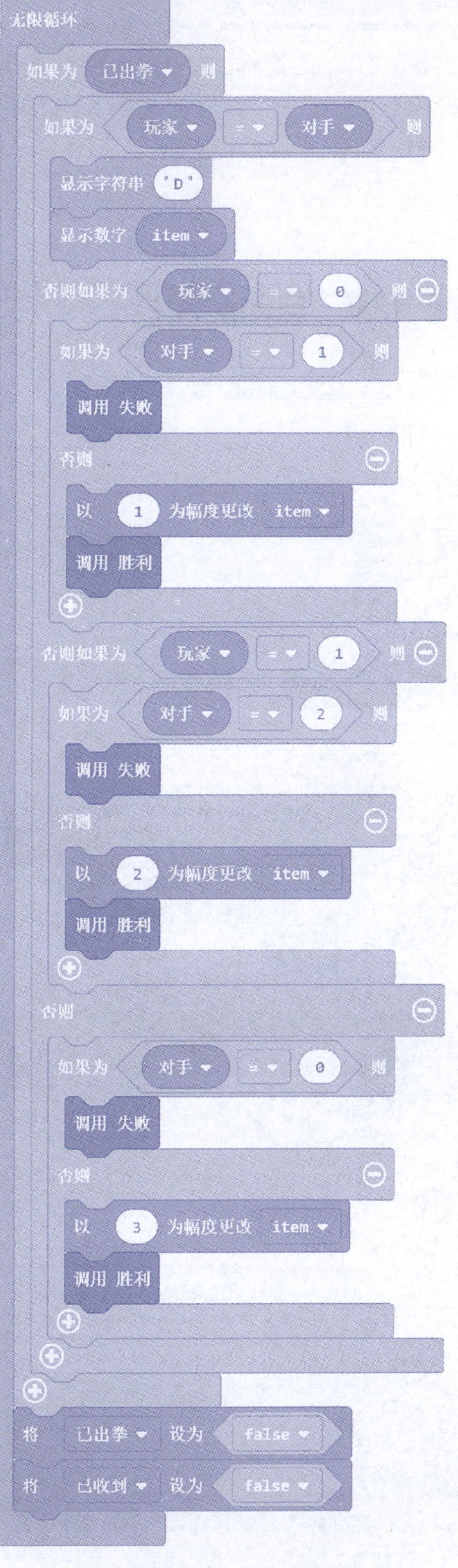
无限循环
如果为 已出拳 则
如果为 玩家 = 对手 则
显示字符串 "D"
显示数字 item
否则如果为 玩家 = 0 则
如果为 对手 = 1 则
调用 失败
否则
以 1 为幅度更改 item
调用 胜利
否则如果为 玩家 = 1 则
如果为 对手 = 2 则
调用 失败
否则
以 2 为幅度更改 item
调用 胜利
否则
如果为 对手 = 0 则
调用 失败
否则
以 3 为幅度更改 item
调用 胜利
将 已出拳 设为 false
将 已收到 设为 false

图 5.4－1 参考代码

● 思考题参考答案

答：可以。设置核心板中按 A 键出剪刀，设置按 B 键出石头，设置同时按 A+B 键出布（或根据自己的喜好设置剪刀、石头、布）。

● 思考题参考答案

答：可以在控制自动浇灌机工作的程序中添加“播放旋律……重复……”模块来实现。

第 6.1 课　自动浇灌机

● 提升训练参考答案

如图 6.1–1：

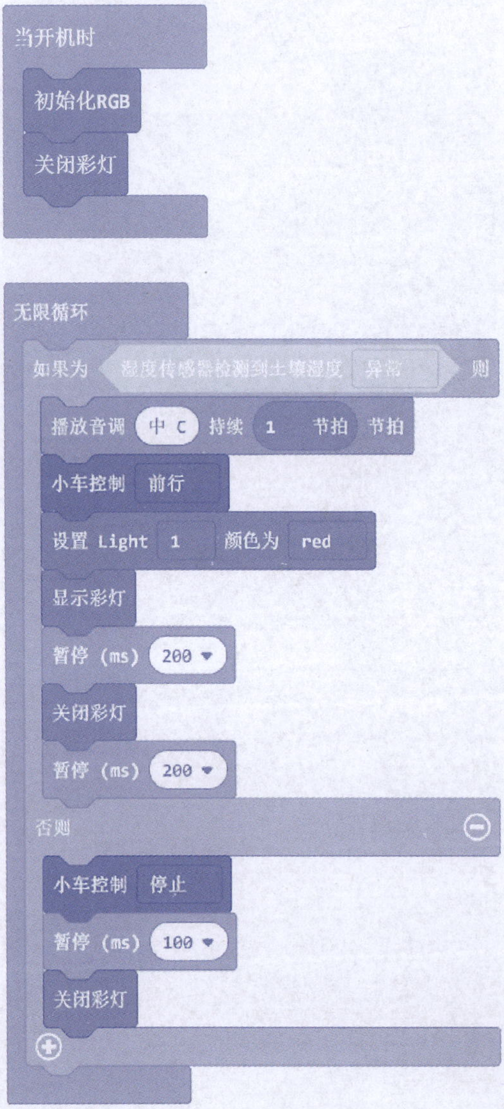

```
当开机时
    初始化RGB
    关闭彩灯

无限循环
    如果为 湿度传感器检测到土壤湿度 异常 则
        播放音调 中 C 持续 1 节拍 节拍
        小车控制 前行
        设置 Light 1 颜色为 red
        显示彩灯
        暂停 (ms) 200
        关闭彩灯
        暂停 (ms) 200
    否则
        小车控制 停止
        暂停 (ms) 100
        关闭彩灯
```

图 6.1 – 1　参考代码

第 6.2 课　无线遥控小车

● 提升训练参考答案

思路：保持遥控器代码不变，将接收端“小车控制”改成“小车控制……速度”即可，如图 6.2–1：

图 6.2－1　参考代码

● 思考题参考答案

答：在小车行驶的过程中添加音乐，并且能用不同的操作添加不同的音乐。

说明

① 本书为 Bit-Logic 智能教育体系配套教学用书之一，内容仅涉及编程学习部分，建议搭配“SIWT 智能教育课程箱”使用。

② 本书课程仅包含“SIWT 智能教育课程箱”部分型号之内容，建议读者根据实际购买课程箱型号，结合 Bit-Logic 教育体系，合理安排学习计划。

③ 关于本书课程内容，更多讨论和建议可联系邮箱：siwt_edu@siwutian.com

④ 更多精彩课程及新款产品、赛事信息，可关注网站：www.siwt. 中国 与 www.bitlogic.cn